Safety-IIの実践
レジリエンスポテンシャルを強化する

エリック・ホルナゲル 著
北村正晴／小松原明哲 監訳
狩川大輔／菅野太郎／高橋信／中西美和／松井裕子 訳

KAIBUNDO

■著者紹介

エリック・ホルナゲル（心理学博士）は University of Southern Denmark 地域健康研究部の教授であり，南部デンマーク品質センターの上席顧問でもある．また，Central Queensland University（オーストラリア）の客員教授，Macquarie University（オーストラリア）の訪問教授，Technische Universität München（ドイツ）高等研究所訪問研究員，そして École des Mines de Paris（フランス）および University of Linköping（スウェーデン）の名誉教授でもある．

1971 年以降，彼は大学，研究機関に勤務し，多くの国で，原子力発電，航空宇宙，航空交通管制，ソフトウェア工学，医療，地上交通などのさまざまな産業領域における問題解決に携わってきた．専門は，産業安全，ヒューマンファクターズ，レジリエンスエンジニアリング，システム論，機能的モデリングなどである．

彼は 350 を超える論文を著し，24 冊もの書籍の執筆，編集に携わってきた．

Safety-II in Practice
by Erik Hollnagel

© 2018 Erik Hollnagel
All Rights Reserved.
Authorized translation from English language edition published by
Routledge, a member of the Taylor & Francis Group LLC.
through Japan UNI Agency, Inc., Tokyo

目次

まえがき v
監訳者まえがき vii

第 1 章　2016 年からの安全マネジメント 1
1.1　そこにないもののマネジメント 3
1.2　安全マネジメント：細部へのこだわり 4
1.3　スナップショットに目を向けた安全マネジメント 5
1.4　日常の業務に基づく安全マネジメント 7
1.5　Safety-I と Safety-II 9
1.6　解毒剤（antidote）としての安全 11

第 2 章　「レジリエンス」は何を意味するのか？ 17
2.1　概念としてのレジリエンスの起源 18
2.2　ネガティブな意味合い（connotation） 20
2.3　私の組織はどれぐらいレジリエントなのか？ 25

第 3 章　レジリエントなパフォーマンスの基礎 27
3.1　想定される仕事（Work-as-Imagined）と
　　　実際の仕事（Work-as-Done） 28
3.2　個人か？ あるいは組織の「仕組み」か？ 29
3.3　個人のパフォーマンスから文化へ 32
3.4　レジリエンスのポテンシャル 37
3.5　中休みとして：モノリシックな説明 38

第 4 章　レジリエンスポテンシャル 41
4.1　対処するポテンシャル 44

4.2	対処するポテンシャルの特徴	*45*
4.3	監視するポテンシャル	*48*
4.4	監視するポテンシャルの特徴	*51*
4.5	学習するポテンシャル	*56*
4.6	学習するポテンシャルの特徴	*61*
4.7	予見するポテンシャル	*66*
4.8	予見するポテンシャルの特徴	*71*
4.9	予見するポテンシャルの関連事項	*73*
4.10	他のポテンシャルはあるのか？	*73*

第5章　RAG－レジリエンス評価グリッド … *77*

5.1	プロセスマネジメントの基本要件	*77*
5.2	測定か評価か？	*80*
5.3	4つのポテンシャルの評価	*83*
5.4	対処するポテンシャル	*83*
5.5	監視するポテンシャル	*88*
5.6	学習するポテンシャル	*93*
5.7	予見するポテンシャル	*98*
5.8	間接的な評価尺度（proxy measure）	*102*
5.9	評価結果をどのように提示するか	*104*
5.10	診断的かつ形成的質問群	*109*
5.11	レジリエントなパフォーマンスのポテンシャルをマネジメントするためにRAGを使う方法	*112*

第6章　RAG－レジリエントなパフォーマンスのモデルへ … *115*

6.1	組織の構造モデル	*116*
6.2	組織がどのように働くかについての機能モデル	*120*
6.3	詳細モデル（detailed model）	*127*
6.4	モデルの最終形（complete model）	*129*
6.5	レジリエンスポテンシャルの汎用モデル	*131*

第 7 章　レジリエンスポテンシャルの発展 133
　7.1　組織文化を変える（第 1 の方法） 135
　7.2　実践を変える（第 2 の方法） 137
　7.3　第 3 の方法 138
　7.4　「機能不全」組織と「レジリエント」な組織 140
　7.5　監視するポテンシャルを発展させる 142
　7.6　学習するポテンシャルを発展させる 145
　7.7　予見するポテンシャルを発展させる 146
　7.8　レジリエンスポテンシャルを発展させる方法を選択する 147
　7.9　レジリエンスポテンシャルをマネジメントする 148
　7.10　RAG の活用 149

第 8 章　変化する安全の様相 151
　8.1　測定の変化する様相 159
　8.2　安全文化の変化する様相 163

付録　FRAM の初歩 167
　第 1 の原理：成功と失敗の同等性 168
　第 2 の原理：おおよその調整（approximate adjustment） 169
　第 3 の原理：発現するアウトカム 169
　第 4 の原理：機能共鳴（functional resonance） 169
　FRAM モデルの開発における基本的な概念 170
　上流（upstream）と下流（downstream）の機能 176
　FRAM モデルの図的表現 177

参考文献 179
用語解説 183
索引 189

まえがき

　レジリエンスエンジニアリングはまだ成人には達していないが，子どもが育つようにゆっくりと成長してきた。その誕生日（少なくとも誕生の年）や生誕の地もはっきりしている。レジリエンスエンジニアリングについて討論するための最初の専門家会議は，2004年10月に，スウェーデンのセーダーシェーピン（Söderköping）という町で開催された。本書執筆の2016年の時点でレジリエンスエンジニアリングは12歳だということになる。ただし，この方法論が誕生する前の期間は，それなりに長期にわたっていた。レジリエンスエンジニアリングという言葉が最初に用いられたのは，David Woodsが2000年にNASAで講演したときである。このときNASAは，一連の事故を経験し，リスクを含むミッションをどのようにマネジメントすべきか考えていた（Woods, 2000）。これと並行してHollnagelは安全を効率性と完全性のトレードオフというバランス問題として探究し始めていた。このトレードオフは，そのほかのトレードオフとともに，レジリエンスエンジニアリングの理論的基盤となっている（Hollnagel, 2009a）。2004年からのレジリエンスエンジニアリングの進歩は，5冊の書籍と多くの学会報告，学術論文などに記述されている。より最近では，レジリエンスエンジニアリングの原則の医療分野への応用が発展しており，レジリエントヘルスケアという独自の分野を形成している。

　レジリエンスエンジニアリングに対する実用面からの関心は当初から高かった。この新しい分野を進展させることに対する動機付けのかなりの部分は，既存の安全解析や安全マネジメント手法に対しての不満，強い欲求不満が増大しつつあることから生じている。安全は一般には，受け入れられない災厄（またはそれがもたらす効果）「からの解放（freedom）」として定義されているので，安全マネジメントの目的はこの「解放」を確実にすることとなる。しかし社会技術システム（sociotechnical system）はより大規模化し，また取り扱いにく

くなってきており，それにつれて，望まれている「解放」はますます実現困難になっている。レジリエンスエンジニアリングは当初から，インシデントや事故を未然防止するだけでなく，レジリエンスを確実にすることが必要であると認識してきた。このためレジリエンスは，組織が想定内，想定外いずれの条件下でも機能を継続できる能力と定義されている。その意味で，レジリエンスエンジニアリングは，安全マネジメントについて，従来とは異なる解釈を提示している。

　上記の 2 つの考えかたの差異は，今日の世界における安全マネジメントの目的を明らかにするための方法として Safety-I，Safety-II という概念を導入することで明らかにすることができる。Safety-I の考えかたは防御的な安全を強調し，それゆえに物事がなぜうまくいかなくなるかに視点を絞るのに対して，Safety-II の考えかたでは生産的な安全と，それに対応して物事がなぜうまくいくのかを強調している。なぜ望ましいアウトカムがもたらされるか，それを支援する方法は何かに焦点を当てることは新規でも珍しくもないが，Safety-I にはこのようなことに寄与できる概念も方法も存在しない。

　本書の目的は，Safety-II をマネジメントするのに使える概念や方法を提示することである。言い換えれば，ある組織が全体としてどのように機能するのかということを改善する概念や方法を提示することであり，単にリスクや災厄「からの解放」という見かたの安全に限るものではない。第 1 章，第 2 章では安全マネジメントとレジリエンスエンジニアリングについて，簡潔で一般的な紹介を行う。第 3 章では，レジリエントな挙動の性質について論じ，レジリエンスポテンシャルという概念を導入する。第 4 章，第 5 章では，レジリエンスポテンシャルを詳細に説明するとともに，それらがどのようにして評価できるかを述べる。レジリエンスポテンシャルが全体としてどのように機能するのかを理解することが重要であることから，第 6 章ではレジリエント挙動の機能的モデルを導入する。これに基づいて第 7 章では，組織の挙動をマネジメントし，レジリエンスポテンシャルを強化するための全体的戦略を示す。そして第 8 章では変化しつつある安全の様相と進むべき道程についての示唆を与える。

監訳者まえがき

　ごく簡単に本書の概念を説明しよう。
　自動車を運転して旅行することを考えてみる。自動車が故障していては，目的は成就できない。自動車は正しく機能しなくてはならない。では自動車が故障する（正しく機能しない）原因は何か，というと，自動車の構成要素のうちの一つ以上が壊れている可能性が高い。たとえば，バッテリーがあがっていたり，タイヤがパンクしていたり，ブレーキが壊れていてはだめである。そこで，すべての部品は健全であるよう，管理されている必要がある。こうした考えかたは，信頼性に基づく安全（リスクに基づく安全）の方法論につながっていく。つまり，構成要素の信頼性を高めることで，システム全体の信頼性を高め，事故を避けるということである。確かに技術システムであれば，こうした考えかたには一理ある。本書の著者 E. Hollnagel 博士は，これを Safety-I と呼んでいる。
　しかし，自動車が健全であっても，目的地に無事に到着できるとは限らない。道中にはさまざまなことが起こる。対向車が来るかもしれない。人の飛び出しもある。路面が凍結しているかもしれない。こうしたさまざまな事柄，つまり，道中の状況の変動にうまく対応できれば目的地に大過なく到着できるが，うまく対応できなければ，目的地到着はおぼつかなくなってしまう。つまり社会や自然のなかでの目的成就は，こうした対応，すなわち調整（adjustment）を行う能力（potential）があればこそである。このことを Hollnagel はレジリエンスといっている。このレジリエンスのポテンシャルが高ければ，変動が大きくとも安全裏に目的は達成できるが，ポテンシャルが低ければちょっとした変動にも対応ができない。つまり，安全と目的成就（生産）は一体であり，安全はレジリエンスのポテンシャルであるということができる。社会・自然環境におけるこうした安全の考えかたを Hollnagel は Safety-II といい，これが本書

のテーマである。

　レジリエンスは個人だけの話ではない。組織もまたそうである。企業をはじめとする組織は，社会環境，自然環境のなかで挙動しなければならない。そこでは経済変動，市場の変化，気象変動をはじめさまざまな変動が生じている。時間的に見ればきわめて緩やかな変動から急速な変動まで混在しているが，どのような変動にもうまく対応することができなければ組織として命脈を保つことはできない。そのためには組織もレジリエンスポテンシャルを持たなくてはならない。本書は，そうした組織のレジリエンスについても深く論じ，組織のレジリエンスポテンシャルの評価方法として，RAG（resilience assessment grid）を示している。

　日本においては，東日本大震災をはじめ，多くの震災に見舞われてきたし，今後も起こりうるであろう。また人口減は現実問題になり，社会の様相が大きく変化してきている。こうしたなかで，組織が安全裏に生産を継続し発展していくためには，Safety-I に基づく安全への取り組みだけでは不十分であり，本書の示す Safety-II の考えかたと方法を積極的に取り入れなくてはならない。

　本書は，Hollnagel の既刊書『Safety-I and Safety-II: The Past and Future of Safety Management』Ashgate 2014（邦訳：北村正晴・小松原明哲監訳『Safety-I & Safety-II ―安全マネジメントの過去と未来』海文堂出版 2015）に引き続く図書であり，Safety-II のガイドとしてたいへん重要なものである。安全を求めるすべての実務者，専門家に勧めたい一冊である。

　最後に本書の訳出について触れておきたい。本書は，レジリエンスエンジニアリングの研究に携わり，また Hollnagel の著書を多数翻訳してきた研究メンバーにより分担し，翻訳した。さらにその後に，監訳者により全体を整えた。翻訳を担当したメンバーは，（五十音順に）狩川大輔，菅野太郎，北村正晴，小松原明哲，髙橋信，中西美和，松井裕子である。また本書の出版には，今回も，海文堂出版の岩本登志雄氏にご支援，ご尽力いただいた。心からお礼を申し上げる次第である。

2019 年 2 月　　　　　　　　　　　　　　　　　　北村正晴，小松原明哲

第1章

2016年からの安全マネジメント

　安全マネジメントは，短いが変化の激しい歴史を有している．産業現場において，人々への有害な影響を防ぐという意味での安全についての組織的な関心は，歴史を紐解くに，およそ200年前に遡ることができる．初期の安全についての関心は，実際に働いている人々に起きる有害事象や傷害にあった．このことは作業の性質，とりわけ当時の比較的単純な技術の特質を考えれば十分理解できることである．2010年以降の産業活動の視点から見れば，19世紀の作業現場における技術はきわめて単純であったし，とくに自動化のレベルは低かった．作業プロセスもまた概して互いに独立しており，タイプとしては組み立てラインに見られるように，線形であったといえる[*1]．これらすべては，新しい技術と科学によって20世紀中頃から劇的に変わってしまった．すなわちデジタルコンピュータ，遠隔通信，サイバネティクス，情報理論などがその代表例である．技術はますます強力になる一方で複雑になった．プロセスは総合化し，相互依存化がますます進み，品質や信頼性に対する顧客の要求は一層高まり，仕事の絡まりあいはどこまでも高まり続けている．安全はもはや作業に従事する人々の傷害を防止することだけにとどまらず，使われている技術が顧客や関係のない人々，さらには社会にもたらしうる悪影響の可能性についても考えなければならなくなっている．

　新しい技術の多くは，第二次世界大戦およびそれに続く冷戦時代における軍事的な要求を受けて開発されてきた．産業分野での安全マネジメントシステム

[*1] 訳注：組み立てラインの業務は，部品Aと部品Bを組み合わせて部品Cをつくる，部品Dにメッキ加工を施して部品Eにするという形式の行為が中心である．このような行為の特徴を線形依存性といっている．

（safety management systems：SMS）は，1950年代に始まった米国空軍の弾道ミサイル部門におけるシステム安全工学に対する関心の高まりを出発点としている。ミサイルのための装置の複雑さが増すことで，当該技術が最適な安全性を維持しつつ運用上の実効性についての制約条件を満たし，意図されたとおりに機能することを保証するためのニーズが生まれた。安全に関する同様のニーズは，民生部門においても複雑な技術が，顧客向けにはより良い製品やサービス，（生産者にとっては）高い利益を提供する方策として熱狂的に受け入れられることを通じて，時を移さず生まれている。この展開は，安全やその他の側面について多くの問題をもたらしているが，上記のようなニーズが弱まる兆候はまったく見られていない。

　SMSというものは2000年代の初めにその姿を見せ始めた。標準的なSMSは国際民間航空機関（ICAO）によって，問題点を抱えながらも導入されている。そこでは，次のように述べられている。

> 安全マネジメントシステムは，必要な組織的構造，アカウンタビリティ，方針と手順を含む，安全をマネジメントする組織化されたアプローチである。（ICAO, 2006）

　ICAOのSMS標準方式が提唱された動機は，航空事故数が増大を続けていたことである。その意味では，SMSは19世紀の安全に関する立法やその他の安全向上のためのあらゆる努力や活動と異なるものではない。事実，ICAOの「安全マネジメントマニュアル」（2-1頁）では安全を次のように定義している。

> （安全とは）人間に傷害を及ぼす可能性や財物を毀損する可能性が，ハザード同定とリスクマネジメントを連続的に行うことを通じて受容できるレベルまで低減され，そのレベル以下に維持されている状態

　ここに見られるように，あらゆる産業分野や職業において，安全は災厄がないこと，すなわち失敗，損傷，事故，その他の望ましくない事象のもたらす結果がないことに関連づけられてきた。それゆえ安全マネジメントの目的は，うまくいかないこと，すなわちハザードや望ましくないアウトカムの数をできる限り小さくすること，理想的にはゼロにすることとされた。しかしながら，

現代の世界においてはこのような考えかただけでは不十分であることに気がついた産業分野や実務家たちはしだいに増加している。ハザードの同定と除去，望ましくないアウトカムの防止やそれに対する保護策だけでは，自明でない（nontrivial）（用語解説を参照のこと）社会技術システムを対象とした場合には不十分である。これはレジリエンスエンジニアリングが指摘したとおりである。「安全」な状態は，うまくいくことに注目してそれを支援し活性化することを含まなくてはならない。これは，個人についても組織についても，さらに SMS 全体についても言えることである。

1.1　そこにないもののマネジメント

　安全についての通常のアプローチが有する 2 つの深刻な問題は，安全の測定されかたと，安全の研究されかたとに関連している。

　安全の測定に関する問題は，簡単に言えば，安全の向上は，測定されるものの減少によって表現されるという点にある。つまり報告された事故（または他の望ましくない事象）の数がより少なければ，安全のレベルはより高いことになる。安全マネジメントの目的は，望ましくないアウトカムを減らすか取り除いて，結果として「災厄からの解放」といううらやむべき状態を実現することである。しかし SMS がどの程度良好に機能しているのかは，何か測定するものがあって初めて知ることができる。それゆえ SMS がよい仕事をすればするほど，どう改善すべきかに関する情報は少なくなる。これは，フィードバック情報がなくなると制御が失われるという，有名な制御器のパラドックスに対応している（Weinberg and Weinberg, 1979）。このパラドックスの本質は，制御器の仕事は変動を除くことであるが，変動は制御器がどの程度良好に動作しているかについての究極の情報源でもある，ということである。制御器が優れた仕事をすればするほど，改善するための情報はどんどん失われてしまう。言い換えると，安全に関するある投資が，たとえば事故件数の低下のような測定可能な結果をもたらさない場合には，この投資が望まれる効果を有しているかどうかを知ることはできない。さらに，事故の発生件数が当初から少なかったとすれば，投資の効果が測定されると期待することには合理性がないことに

なる。

　安全がどのように探求されるべきかに関する上記の困難は、傷害や災厄が（相対的に）「ないこと」という安全の定義そのものに由来している（第8章も参照のこと）。そのような災厄が生じる状況は、安全の欠如を表しているとか、安全が存在しないことによるとか言われる。それゆえ、安全が欠如していると我々が認めるような状況を研究することを通じて安全の理解を改善しようとすることは、パラドックスそのものである。安全の科学は、研究対象が存在している状況ではなく存在していない状況において、その対象を研究しようとしているという意味で、他の科学とは異なっている。それゆえに、この分野の進歩がこれほど遅いことには何ら不思議はないのである。

　安全マネジメントは、「ゼロ災」を追求すべきであり、リスクレベルは合理的に実現できる範囲で可能な限り小さく（As Low As Reasonably Practicable：ALARP）すべきであるということが広く信じられている。インシデントや事故がないことを目指すことには直感的な合理性はあるが、安全マネジメントの目的が何かがないことを目指すことには、あまり合理性はない。存在しないものをマネジメントすること、測定すること、理解することは困難であると考えるのは理にかなっている。あまり慰めにはならないが、同様のことをしているのは安全だけではない。同様な問題は統計的プロセス制御、リーン生産方式、TQMなどでも存在している。

1.2　安全マネジメント：細部へのこだわり

　何かの事象、とりわけサプライズや想定外の事象について説明しようとするとき、人々は単一の、あるいはモノリシックな（monolithic）（用語解説を参照のこと）原因を好む強い傾向を有している。複数ではなく単一の原因を得ることで、それぞれの問題をそれ自身だけについて考えることや、問題を一つずつ解決することが可能になる。

　この方式の背後にある重要な仮定は、あらゆる生起事象は部分に分解でき、それぞれの部分は他の部分を考えに入れることなく検討できる、ということである。この仮定は、事故やインシデントの根本原因分析に見られるように過去

に起こった問題においても，フォールトツリー分析のように未来に生じうる問題についても適用されている．事故調査のように，事後対応的な場合においても，可能性のある原因がそれぞれ単独で扱われるため，それらの原因数と同じ数，または同じステップ数の解決策が得られるという形で，この原則を見いだすことができる．典型的な例として，輸血における障害を低減させるためのオーストラリアの研究（VMIA, 2010）が挙げられる．この研究では40項目もの提案がなされ，その内訳は以下のとおりであった：環境（3提案），スタッフ（9提案），装置（12提案），患者（2提案），手順（6提案），文化（8提案）．この事例は，我々は扱いにくい現実の問題をいかに単純化することで処理しようとしているか，それを如実に示している．

1.3　スナップショットに目を向けた安全マネジメント

（従来型の）安全マネジメントにおいて，意図されずに見落とされてしまう結論は，ある組織がどのように機能するか，どのように機能しないか，または，失敗するか，失敗したか，についてのスナップショットで構成されることに由来している．従来型の知恵では，事故やインシデントは，それから学ぶことで，同一または類似の事象が二度と起きないようにするための段階的基盤を与えていることになる．実際に，安全についての影響力が大きい書籍には，『Learning from Accidents in Industry（産業界の事故から学ぶ）』（Kletz, 1994）という題名のものがある．しかし事故というものは，稀に，かつ通常とは違った形で生起して，望ましくないアウトカムをもたらす事象であるということにまず目を向けてみたい．事故は，ある組織がどう挙動するかについて典型的な出来事ではないということである．すなわち，逆に事故はある組織が部分的に，または全体として，失敗したという，普通でない状況を表している．にもかかわらず安全マネジメントはそのような状況に焦点を当て，分析して見つけて直す（find-and-fix）アプローチを通じて安全を向上させようとしている．このようなやりかたはふざけた意味でなく，不安全（nonsafety）のマネジメント

と呼んだほうが適当であろう[*2]。

　何かがうまくいかなくなった状況を分析することに基盤を置く安全マネジメントの原理を図示すれば図 1.1 のようになろう。多数示されているグレーのトレースまたは曲線は，典型的に進行しているプロセスや活動を表している。安全マネジメントの目的はこれらの曲線が，図中に破線で示されている安全パフォーマンスの制限条件を越えないように注意することである（他のタイプのマネジメント，たとえば品質マネジメントでは，プロセスの変動性に制限を加えて，できるだけ中心値に近づけることが試みられる）。安全パフォーマンスの制限条件は固定的なものではなく，現在の状況に依存するもので，だから図 1.1 では直線ではなく変動する曲線で示されている。黒く示されている曲線の部分は，望まれていないアウトカムを生みだす（または生みだすと想定される）プロセスまたは状態の進展を表している。望まれていないアウトカムは頻繁に生じることはない。普通に機能している組織はそのようなことは容認しない。もしそのような事象が頻繁に生じるのであれば，その状況を変化させる手順がとられるか，組織が存在できなくなるか，どちらかが起きることになろう。同

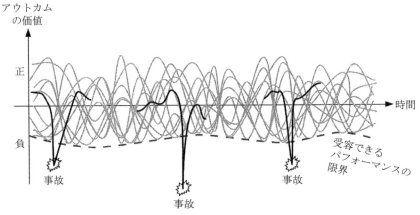

図 1.1　スナップショットに目を向けた安全マネジメント

[*2] 訳注：不具合が起きた場合にのみ，その原因を探し，除去するというアプローチで，複雑・大規模化している現代の社会技術システムの安全を本当に守れるわけがない，という強い問題意識がこの記述の背景にある。

様に，望まれていないアウトカムが規則的に起きることもない．なぜなら，何かがうまくいかなくなるのであれば，それは通常はサプライズであり，予期されていないことだからである．それゆえ「事故から学ぶこと」は，組織が機能しなかった状況のたまたまのスナップショット，言い換えれば変則的な異常のスナップショットに基づくことになる．（図 1.1 の）部分的な黒い線は，我々が，事故の直前から直後まで何が起きたのかに注目しているが，長期的な進展には目を向けていないことを示している．さらに悪いことに，これらの異常は失敗した個別の「部分」や構造と関係づけて線形の因果関係を用いて記述される．そのようなスナップショット的方法は，組織の安全をマネジメントするための基盤として最良のものであるとは到底考えられない．

1.4 日常の業務に基づく安全マネジメント

稀に変則的な形で起きる望ましくないアウトカムに安全マネジメントの基礎を置いて，それらの事象が部分的な黒い線に対応する秩序ある「メカニズム」の結果によるものと仮定するのではなく，多数のグレーの線で示されている日常のプロセスに着目すべきなのである．これを図 1.2 に示す．この図では，着目対象である日々のプロセスを黒色に，事故に対応する部分をグレーにという形で反転したグラフ表示がなされている．

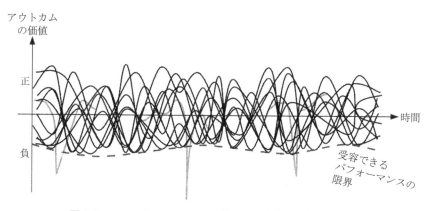

図 1.2　日々のパフォーマンスに着目した安全のマネジメント

受容できるアウトカムは，連続的に生じているという意味で，また図中の受容できるパフォーマンス限界線より上で生じているという意味で，受容できない（または有害な）アウトカムとは決定的に異なっている。そもそも，ある組織を立ち上げて運用することの一般的な目的は，受容できるアウトカムを信頼できる形で連続的に提供する機能のありかたを確かなものにすることなのである。それゆえ，安全マネジメントまたはマネジメント一般の関心対象は，例外的事象や稀有事象ではなく，連続的なパフォーマンスまたは機能でなければならない。

　どのような種類のマネジメントでも，その関心対象は，規則的に起きていることにあるべきであり，稀にしかまたはまったく起きないことであってはならない。現在のやりかたについてよく聞く議論によれば，何か起きることは事故であり，事故がないときには「何も起きていない」とされる。静穏で安定した日常のパフォーマンスの期間においては，驚異的なあるいは非日常的なことが起きていないということは確かに正しい。普通でないこと，自動的に関心を引くようなことは何も起きていない。しかしながら，この状況が何も起きていないことを意味すると主張するのであれば，それは決定的に誤っている。そうではない。驚くほど多数の物事が起こっている。しかし，それらの物事は，まさに毎日起きていることだからこそ，認識されないのである。それらの物事は関心対象から抜け落ちてしまう。それらの物事は規則的，ルーチン的，習慣的であり，アウトカムは期待されたとおりであるからである。しかし，我々が安全なのは，事故が起きていないという意味で，まさに「何も」起きていないからである。つまり我々がある単位あたり十分な数のアウトプット（生産物）をつくり出しているという意味で生産的なのは，「何も」起きていないときである。我々が許容できる時間や労力の範囲で生産ができるという意味で効率的なのは，「何も」起きていないときである。我々が「不良品」をごく少数しかつくっていないという意味で高品質の生産ができるのも，「何も」起きていないときなのである。

　それゆえ，組織のパフォーマンスマネジメント，とくに安全マネジメントは，典型的な日常的プロセスにおいて，いつも「何も」起きていないことの理解に基づいてなされるべきであり，機能不全状態のスナップショットに基づい

てなされるべきではない．とくに安全マネジメントは，典型的な日常的プロセスが，できるだけ多数回うまくいくか成功することを目指してなされるべきである．我々はどのように物事が起きるかを理解して，それを測定し，アセスメントしなければならない．これを行うことが本書の主題なのである．

1.5 Safety-I と Safety-II

20世紀の終わり頃から，レジリエンスエンジニアリングについてのアイデアが，安全エキスパートの少人数集団から安全実務担当者や学者のより大きなコミュニティへと広がり始めた．当時のこの動きの主な動機は，自明でない社会技術システムにおける「受容できない災厄からの解放（freedom from unacceptable harm）」[*3]または類似の形で定義された安全に関する漠然とした問題意識であった．レジリエンスエンジニアリングの発展は，既存の安全のためのやりかたが非効率的で場合によっては有害でさえあり，進歩の妨げとなるという認識によって推進されてきた（Haavik et al., 2016）．安全マネジメントは，因果律についての信条（causality credo）（用語解説を参照のこと）が説明するように，すべての望ましくないアウトカムは同定できる原因を有していて，それらの原因は一度見いだされたならば除去または無力化できるという強い確信に基礎を置いていた．安全は，うまくいかない物事をできる限り少数の状態にすることとして，一般的に定義されていた．この理解に基づいて，安全は物事がうまくいかなくなることを防止することによって（すなわち望ましくないアウトカムと，それらをもたらすと仮定される事象を探して対処することを通じて），実現できると考えられていた．このような安全の理解は，いまではSafety-Iと呼ばれている（Hollnagel, 2014a）．

レジリエンスエンジニアリングはそれとは異なるアプローチを採用した．そこではまず，結果と原因の間には（受容できないアウトカムは同様に望ましくない原因に由来するという意味での）価値の対称性があるという暗黙の仮定を批判することから始まった．価値の対称性は，受容できないアウトカムは受容

[*3] 訳注：端的にいえば災厄がないこと．

できない原因に由来し，その逆も言えるという確信を表している。それゆえ事故は，うまくいかなくなったこと，すなわち故障，異常，過誤などの結果であると見なされる。この見かたは，良い行為は賞賛され，悪い行為は処罰を受けるという我々の道徳的基準（codex）にも対応している。この場合，「賞賛」と「処罰」はそれぞれ受容できるアウトカムと受容できないアウトカムに対応しており，「行為」は推測された原因に対応している。この見かたは，受容できるアウトカムの原因は，受容できないアウトカムの原因とは異なっているという，異種原因仮説（hypothesis of different causes）（用語解説を参照のこと）をも要請する。つまり受容できないアウトカムは失敗，異常，過誤などによりもたらされている一方で，受容できるアウトカムは正しく動作しているシステム，とりわけ人間の正しいパフォーマンスによってもたらされているということである。一方，レジリエンスエンジニアリングでは，この見かたとは異なって，「失敗は成功の別の側面である」，言い換えれば，うまくいく物事とうまくいかない物事は，基本的には同じようないきさつで生じていると主張する。結果として，価値の対称性に関する仮説は捨てられねばならない。

　異種原因仮説と道徳的な意味で等価である価値の対称性に関する仮説を捨て去ることによって，何かがうまくいかないときにのみ神の御意思（deus ex machine）として出現し，他のときには休止状態にある「過誤のメカニズム」に助けを求めることは不要になる。そして，何かがうまくいかなくなることを防止しようとする努力は，すべての物事ができるかぎりうまくいくことを可能にしようとする努力で置き換えられることになる。これが，できるだけ多くのことがうまくいくような状況という Safety-II の定義につながっている。この解釈をすることで，安全とは，組織のすべてのレベルにおいて受容できるアウトカムを得るために必要な日々の活動を，支援，拡大，促進する方策に関係していることになる。この定義は，品質や生産と不可分な種類の安全を意味しており，このことは，これらの関心対象（安全，品質，生産）の評価法や実現方法は互いに整合したものであるべきことを意味している。

1.6 解毒剤（antidote）としての安全

英語の「safe」の語源は，フランス語では何かがないこと（without）を示す「sauf」であり，この単語はラテン語の salvus に由来するが，その意味は健全または全体を指す。このことが災害や傷害がないことという安全の意味の基盤になっている。たとえば米国国家規格協会（The American National Standards Institute：ANSI）では安全を受容できないリスクからの解放と定義している。この意味では，安全は事故，インシデント，そして望ましくないアウトカム一般の原因に対する解毒剤[*4] として処方的に記述（prescribe）されている。ここでいう解毒剤は，当然ながら災害や傷害の原因として合意された事象と，それらが役割を発揮する（exert their role）道筋に関係している。これは安全マネジメントの主要なトレンドに目を向ければ明らかである。

解毒剤#1：防止と除去

第1のトレンドは，ドミノモデルで表現される単純な線形思考に対応している。この安全パラダイムでは，原因と結果の間には認識可能な因果関係（時には単純な直接的因果関係だが，多くの場合には因果関係の系列）が存在していることが主張されている。この考えかたによれば，安全は，何かがうまくいかなくなること，原因がその影響力を発揮すること，災害が実際に生じること，原因や災害を除去すること，などによって実現されることになる。したがって，まずなすべきことは，起こりうる災害やリスク源を明らかにすることであり，その上で，それらに注意を払う必要性があるのか，その大きさの程度を決定し，判断することである。このやりかたは現在でもなお，安全マネジメントの最も一般的な基盤であり，故障モードと影響評価（FMEA：Failure Mode and Effects Analysis），人的信頼性評価（Human Reliability Assessment），HAZOP（Hazard and Operability Study）などの標準的手法として神格化（enshrine）さ

[*4] 訳注：何かをなくすことで安全を目指すやりかたから見れば，安全策は何かの効果をなくす解毒剤（antidote）として位置づけられる。

れている*5。

解毒剤#2：防護の改良

　第2のトレンドは，スイスチーズモデルとして表現される複合型線形思考に対応している。この安全パラダイムでは，望ましくないアウトカムは，望ましくない事象と，事前注意，バリア，防護手段などの失敗との組み合わせによって生じるとしている。それゆえ，この考えかたの場合の問題解決策は，バリアや防護手段を強化すること，あるいは複数の防護手段や深層防護（defence-in-depth）を導入することである。原因が物理的運動や何らかの物理的動作を含むものである限り，物理的かつ機能的な防護手段は実効性を有する。しかし，原因が意思決定や選択，優先度付け，さらには組織の文化などに関係している場合には，防護手段を用いる方策はうまくいかない。このような要因に対する防護手段は，物理的，機能的ではなく，記号的または無形（incorporeal）になるからである*6。

　防護手段を具体化することは時には困難であるが，原因を具体化することはさらに困難なこともある。その例として，たとえば「逸脱の常態化（normalisation of deviance）*7」という認識に見られるドリフトという概念がある。この

---

*5 訳注：安全マネジメントの教科書的手法について，かなり皮肉な言いかたをしていることになる。これらの手法は動作原理が理解しやすい比較的単純なシステムについては有効だが，現代の社会技術システムを対象とした場合には不十分であることを強調している。

*6 訳注：Hollnagel による分類（Hollnagel, 2006）がよく知られている。物理的バリアの例は，壁，柵，格納容器，機能的バリアの例は，錠前，自動ブレーキ，記号的バリアの例は，信号，警報，注意書き，無形バリアの例は規則，指針，規定。文献：E. Hollnagel, Barriers and Accident Prevention, Ashgate, 2004（邦訳は小松原明哲監訳『ヒューマンファクターと事故防止―"当たり前"の重なりが事故を起こす』2006, 海文堂出版）

*7 訳注：逸脱の常態化（normalization of deviance）は組織社会学者 Diane Vaughan がスペースシャトル・チャレンジャー号爆発事故（1986）の社会的原因を分析した著作で示した，科学社会学，組織社会学，災害社会学にかかわる重要な概念である。Vaughan は，事故原因に関する大統領委員会報告では見落とされた問題の側面に注目し，「よい人」が「汚い仕事」に手を染めるようになるのはいったいなぜかという疑問を出発点として考察を進めた。その疑問の解明のために導入されたのが，「逸脱の常態化」の概念である。この概念は，職場集団レベルのやりとりにおける定められた基準から逸脱した行為が，部外者の眼に触れぬまま巨大科学技術システムを破局させるに至る過程を説明する。職場集団で最初はわずか

概念はよく知られているが，組織が「ドリフト」することはない。そもそもこの「ドリフトする組織」の明快な定義と結びつく実体は存在しないし，「ドリフト」が起きる空間も合理的に定義はされていない。ここで，業務実践のやりかたにゆっくりとした変化が生じること，それが結果として組織の振る舞いに影響し，事故が起きた後の後知恵で見れば安全バッファが侵食されていると解釈される状態になることを否定しているわけではない。しかし，これらの変化はむしろ効率と完全性のトレードオフにおいて，前者が後者に比べて優先される状態へとしだいに移行した結果と解釈されることが正当なのである。

解毒剤 #3：複雑さ（complexity）への対処

　第3のトレンドは，複雑さ（complexity）（用語解説を参照のこと）や複雑システムについての現代的興味に対応している。この流行は1980年代前半にCharles Perrow（1984）がノーマルアクシデントの概念を提唱して，ある種のシステムは密な結合（tight coupling）と非線形関係（nonlinear relation）で特徴づけられる場合に複雑系になることを指摘したときから始まっている[*8]。しかし，複雑さが，ある現代的システム（その大多数は大規模な社会技術システム）の本質的特徴であるということを受け入れたとしても，その解毒剤についての疑問は解消しない。第1，第2のトレンドと異なり，第3のトレンドすなわち複雑さは，認識可能な原因を何も示していない。アウトカムはもはや同定できる原因の結果ではなく，むしろ複雑さそれ自身に由来して創発する。では，解決策は何であろうか。複雑さの裏をかく？　複雑さを減少させてシステムを単純化する？　脆弱な人間の心を自動化で拡張・強化する？

　適切な解毒剤がどんなものかを理解するためには，複雑さには数種の異なる

　　に見逃された逸脱が積み重なり，最後は逸脱することがその集団の日常になってしまう過程を浮き彫りにしている。

[*8] 訳注：Perrowの著作では，密結合と非線形でなく，干渉関係の複雑さ（interactive complexity）と密結合（tight coupling）という表現が主に採用されている。また全体把握の困難さ（incomprehensibility）という表現も用いられている。このような記述を含むノーマルアクシデント理論を参照して複雑さについて論じること，とくにその解決策や対策について論じることは，問題領域を限定しない限り現実には不可能であろう。その意味で，以下に示される5種類の複雑さを認識し，区別することは，問題解決のための重要な出発点といえる。

タイプがあることを知っておく必要がある。

- 数学的な複雑さ：システムがとりうる可能な状態の数の測度である。単純な解析的または論理的な方法で理解するには構成要素とその間の関係が多すぎる場合に対応する。
- 実用的複雑さ：対象の記述またはシステムが多数の変数を有していることを意味する。
- ダイナミックな複雑さ：原因と結果の関係が微妙で，外部からの介入の経時的効果がはっきりしない場合である。
- 存在論的複雑さ：この複雑さには科学的に確認できる意味づけは存在しない。あるシステムの複雑さについて，それが記述される方式と無関係にその複雑さについて言及することはできないからである。
- 認識論的複雑さ：あるシステムの時間的・空間的広がりの全体を記述するのに必要なパラメータの数として定義される複雑さ。認識論的な捉えかたは分解可能で再帰的にできるが，存在論的複雑さはそうならない[9]。

存在論的複雑さと認識論的複雑さとの関係は，複雑さとは何かを理解するにあたって本質的な意味を持つ（Pringle, 1951）。もしも本当の意味で存在論的な複雑さがある（すなわちあるシステムまたは現象が，その性質として複雑である）と仮定すれば，その複雑さを簡潔に記述できるか否かを考える必要がある。答えが「記述できる」ならば，性質または現象としての複雑さは，記述とは無関係だと考えることが合理的になる。その場合，我々は複雑さを，その記述を通じてではなく，それ自体として理解できることになろう。しかし答えが「記述できない」であるならば，我々は，複雑さとは，ある対象がどのように記述されるかにかかわる特性であり，その意味で存在論的ではなく認識論的だということを受け入れなければならない[10]。それゆえ，記述のされかた

---

[9] 訳注：システムを「分解可能で再帰的に捉える」ことを，大規模な会社の組織図を記述する場合について考えてみよう。組織図は，経営層の下に複数の事業部を示したような簡単な階層構造で記述することができる。しかし各事業部の組織図はさらに部・課まで明示した階層構造として記述することもできる。部や課それぞれも，実際にはより詳細な構造を有している。分解可能で再帰的に定義できるとは，このような記述ができるという特徴を指す。

[10] 訳注：著者によれば，この見かたのほうが妥当である。

と無関係に分離できる複雑さという特性が存在すると仮定することに論理的な根拠は存在しない。ある「複雑なシステム」は，このように考えれば，「複雑な記述を有するシステム」または「取り扱えない（intractable）(用語解説を参照のこと) システム」とまさに同じことになる。その場合には，明らかに複雑さについての解毒剤は必要ない。複雑さは，複雑な記述そのものになるからである。

　実用上，「複雑な（complex）」と「複雑化した（complicated）」を区別することは重要である。実用的な見かたに立てば，あるシステムは，その記述が多くの項目やパラメータを必要とし，あるパラメータの変化が他の多くのパラメータに影響を及ぼすなら，複雑化した（complicated）システムと呼ばれる。同様に，あるシステムは，パラメータのいくつかが未知であったり，知ることができないか，または実際に測定したり制御することができない場合，複雑な（complex）システムと呼ばれる。複雑な（complex）システムにおいては，問題の解決策は，すべてのパラメータを既知にすること，できるなら結合を外すことを目指すことである。これができれば，（複雑さは認識論的カテゴリなので）システムは複雑さ（complex）をなくし，単に複雑化した（complicated）あるいは自明な（trivial）システムになる。

　複雑な（complex）システムから複雑化したシステム（complicated）へと変換することは技術的システム（自動車，石油精製工場，列車ネットワークなど）についてはできるが，このやりかたを社会技術システムや組織に適用することはできない。大規模な社会システムにおいては，知られていない結合関係がつねに存在していると思われる。その理由は単純である。そのようなシステムは設計されたものではなく，初期の状態から発展し成長したものだからである。その成長という過程は，時には自律的に（また目的論的に）生じるので，詳細に記述することは不可能なのである。

　複雑さ（complexity）に対する本当の解毒剤は，この特性が存在論的ではなく認識論的なものであることに気づくことである。複雑さは我々が起こす変化の結果（それが我々の生活・行動状況を形成している）を理解し記述する我々の限りある能力を欺くための標識として利用されている。しかし，我々が複雑さをそのままの姿で（我々の無知や認識の制約の曖昧化表現として）認識するならば，解決法は明快である。解決策は，実世界の存在論的複雑さに立ち向か

うことではない。そのようなものは存在しない。そうではなく，我々が世界を記述するための方法を改善することである。この記述法は現在のところ線形な原因−結果型の考えかたに支配されている。複雑さは実際には，線形記述集合の人工物と見られるかもしれない。それゆえ我々は，その制約を超えて進み，概念や関係，すなわち現在のアプローチに制約を与えている予測不可能性や不確実性を表現できる「言語」を開発しなければならない。人間の頭脳にとってそれが可能であることは，何千年にもわたる数学のありようから明快に実証されているといえよう[*11]。

[*11] 訳注：数学はさまざまな概念や関係を記述する言語として発展してきたという認識が背景にある。

第2章

「レジリエンス」は何を意味するのか？

　本書の目的は，組織が必ず直面するはずの，予期されているもしくは予期されていない条件に可能な限り確実に対処できるようにするために，組織のレジリエンスポテンシャル[*1]を伸ばし，マネジメントするための実用的な方法を示すことである。レジリエンスエンジニアリングに関する文献は，ごく初期の段階から，レジリエンスは組織が持っている何か（それが何なのか）ではなく，組織が行う何か（それがどのように行われているのか）に関するものであることを明らかにしてきた。レジリエンスは，組織それ自身の特徴や，組織の質あるいは組織が有している何かというよりは，むしろ組織の行う特徴的なやりかた —つまり，何をどのように行うのか— を指す。それにもかかわらず，レジリエンスとは何か，どのようにすればレジリエンスを測定できるのか，どのようにすればレジリエンスをエンジニアリングでき，マネジメントできるのかについて議論することに多くのエネルギーが消費（もしくは浪費）されてきた[*2]。

　組織が何かを行うやりかたは，明らかに何を行うことができるのかに依存する。実際のパフォーマンスは，パフォーマンスのポテンシャルに依存する。そして，前者は後者の部分集合として合理的に解釈することができる。レジリエントなパフォーマンスは，組織の対処にかかわるポテンシャルが実際の状況あるいは条件において統合されたものと見なすことができる。つまり，レジリ

[*1] 訳注：ポテンシャルとは潜在的能力というようなニュアンスと解される。
[*2] 訳注：レジリエンスの測定やマネジメントを対象にした研究報告は少なくない。本書では，レジリエンスそのものではなく，レジリエンスポテンシャルが重要であることが強調されている。レジリエンスの発現（emergence）は決定論的な事象ではないので，レジリエンスを直接的に測定またはマネジメントしようとすることには合理性がないが，レジリエンスポテンシャルを評価・構築することは意味があると著者は主張する。

エントなパフォーマンスは，1つの要因や能力の発現であることはほとんどなく，むしろいくつかの要因あるいはポテンシャルの重要な組み合わせを意味する。実用上の疑問（そして本書における疑問）は，どのようにすれば，それらポテンシャルを伸ばし，（レジリエンスではなく）ポテンシャルをマネジメントすることができるのかという点である。

2.1　概念としてのレジリエンスの起源

　レジリエンスという用語が19世紀の初めにイギリス海軍によって最初に用いられたということは，広く受け入れられている（Tredgold, 1818）。それは，何種類かの木が，突然の過酷な荷重に折れることなく，それを受け止めることができるということを説明するために用いられたのであった。レジリエンスはそれゆえ，材料の特徴あるいは性質を意味していた。約150年後，カナダ人の生態学者であるCrawford Holling（1973）は，生態系はそれぞれ「レジリエンス」と「安定性（stability）」と呼ばれる2つのまったく異なる特性によって説明できるという説を提唱した。生態学においては，レジリエンスという用語は，変化を吸収するシステムの能力を意味した。一方で，安定性という用語は，一時的な外乱（disturbance）の後で，平衡状態へと復帰するシステムの能力を意味した。生態学的なレジリエンスの定義は後に，適応サイクルの概念の導入を通じて拡張された（Carpenter et al., 2001）。このことから，（生態学的な）レジリエンスは以下の3つの主要な性質を持っているという結論が導かれる。

- システムが機能する能力を維持しながら耐えることができる変化の量
- システムが自分自身を組織化できる程度
- システムが学習し適応するための能力を伸ばすことができる程度

　適応と適応サイクルの概念は，現代のシステム理論の議論において，たとえば複雑適応システム（Complex Adaptive Systems : CAS）という名のもとに顕著な役割を果たし続けているし，レジリエンスエンジニアリングにおいても盛

んに議論されている[*3]。

　生態系が，変化する環境のなかで進化するために適応サイクルを必要とするとの主張は理にかなっている（もちろん，重要な条件として，適応の速度が環境変化の速度よりも明らかに速くなくてはならない）。しかし，適応サイクルは，レジリエンスエンジニアリングの中心課題である社会技術システムには必要ではない。その理由は，単に，生態系には意識がなく，それゆえ意図を持つことができず，受動的な存在だからである。その一方で，社会技術システムや組織は，その定義によれば人間を含んでいるので，意識がある。生態系に対比すれば，社会技術システムは起こるかもしれないことを考えて行動を決めることができるし，実際にそうしている。それゆえ，社会技術システムや組織の，繰り返しの適応あるいは適応サイクルへの依存はより小さい（言うまでもなく，それらすべてが同じぐらい良好にプロアクティブに行動できるとは限らないし，明らかに不良な場合もある）。予見は適応に比べてより速く，はるかに強力であり，それゆえ文字どおり適応サイクルを避けて通ること（short-circuit）が可能である。デメリットは，予見はもちろん将来のことに言及するがゆえに完全に信頼できるというわけではないことである。しかしながら，このリスクは，過去の例から学習することにより予見するポテンシャル（potential to anticipate）を改善することによって，そして予見対象とする時間枠（time horizon）を限定することによって，乗り越えられるのである[*4]。

レジリエンスの他の用法

　生態学以外では，1970年代の初めに，子供たちに関する心理学研究のなかでストレス抵抗性の同意語として，より一般には精神的外傷を与えるような状況に耐える人間の能力の記述として，レジリエンスという用語は用いられ始め

　[*3] 訳注：著者とともにレジリエンスエンジニアリングの開拓者である D. D. Woods は，CAS とレジリエンスの関係を重視している。例としては E. Hollnagel et al. (Eds), Resilience Engineering in Practice: A guidebook, Ashgate, 2011 の第9，10章が挙げられる。しかし著者自身は以下に述べられているように，CAS との関係にそれほど肯定的でない。
　[*4] 訳注：time horizon は分野によっては取引期間，投資期間，計画期間などを意味するが，ここでは一般的にどの程度先の時間までを予見するかという時間的な枠を意味している。

た。20世紀の終わりにかけて，レジリエンスはビジネス界によってビジネスモデルや戦略を環境の変化に応じて動的に再構成する能力を言い表すために取り上げられた。今日では，レジリエンスという用語は，経済学，教育学，心理学，社会学，リスクマネジメント，ネットワーク理論，そして他の分野でも見ることができる。

　生態学からビジネスへとレジリエンスという言葉が転移したときには，とくに，レジリエンスは受動的（passive）な特性から，能動的（active）な特性を持つものへと，その立場に変化が生じた。ビジネスの文脈においては，レジリエンスは，荒れ狂う変化に直面したとき，生き残り，適応し，成長するための能力，そして変化が不可避になる前に変化する能力を言い表す（Hamel and Välikangas, 2003）。ビジネス環境は急速に変化しうるので，レジリエンスは適応や適応サイクルに受動的に頼っていることができず，能動的なマネジメントや予見された結果に基づくフィードフォワード制御を必要とする。これは，意図のないシステム（生態系）と意図のあるシステム（社会技術システム）の極めて重要な違いである。前者は起きたことに対処することしかできないのに対して，後者は起こるかもしれないことを予見して行動する。しかもその行動の必要性が決定的に明らかになる前にである。前者が反応的（reactive）のみである一方で，後者は反応的（reactive）とプロアクティブ（proactive）の両方でありうる[*5]。前者においてはレジリエンスは自然な特性であり，後者においてはエンジニアリングされたあるいはよく考えられた特性である。

2.2　ネガティブな意味合い（connotation）

　安全やその他の分野を含め，レジリエンスという用語の普通の用法では，組織がどのように多様性，ストレス，混乱（disruption）を処理するのかという点に焦点を当てているという意味でネガティブな意味合いを有している。その意味合いは，レジリエンスの起源あるいはその用語の近代における最初の使用が

[*5] 訳注：受動的（passive）と能動的（active），反応的（reactive）とプロアクティブ（proactive）が対比概念である。プロアクティブには適切な日本語があてはまらないのでカタカナ表記にしたが，予見的，予防的，自発的などを総合した概念である。

物理学や材料科学であったことを考えれば，理解できる。物理的な材料は受動的，つまり単に反応できるだけであるから，レジリエンスは，予期されていない出来事の有害なあるいは破壊的な結果に関係しているか，それらへの反応と必然的に考えられる。レジリエンスのアイデアが生態学で取り上げられたときですら，逆境（adversity）への注目は残っていた。物理システムが静的であるのに対して生態系は動的であるけれども，それでもなお意識的ではない。ランダムな応答の要素が持ち込まれるかもしれないが反応的であり，単に生起したことや，外部の力やエージェントによって何らかの方法で強制されたことに応答しているだけである*6。

　レジリエンスエンジニアリングのように，レジリエンスが（広い意味での）産業安全の分野に導入されたとき，ネガティブで反応的な意味合いも一緒に持ち込まれてきた。それを理解することもまた困難ではない。なぜなら，第1章で説明したように，安全，より正確に言えばSafety-Iは，伝統的に，逆境，リスク，損害を回避することに専念してきたからである。ネガティブへの注目，つまり逆境にもかかわらず組織を持続させることへの注目は一般的であり，それゆえレジリエンスは，組織の動的な安定性に対する最小限の影響をもって混乱（disruption）に反応し，そこから回復する組織の能力と見なされてきた。

　しかしながら，レジリエンスエンジニアリングは，動的システムだけではなく社会技術システムを対象とする。それは，与えられた目標あるいは目標群を達成することに努める人々，構成要素（material），活動（および情報）の計画的あるいは意図的な構造である組織を対象とする。これは，レジリエンスをネガティブなことに対するものとして考えるだけでは，もはや十分ではないことを意味する。組織が存在し，存在し続けるためには，組織は何かが起きたときに反応するだけではなく，何かが起きる前に行動しなければならない。そして，組織は危険に直面したときに行動し，それ自身を守ろうとするだけではなく，可能性のあるあらゆる方法で生き残り，そして成長することが可能な好機

---

*6 訳注：生態系で適応が起きる過程では，外乱に対する反応が決定論的ではなくランダム性を含んでいた。たとえば「突然変異」の結果として生存確率が高まるような事態も考えられる。だがそれは，ランダム変動由来の反応的適応であり，意識的な行為の結果として創発されるレジリエンスとは異なる。

に直面した際には行動しなければならない。好機を認識し，それに対処することは，個人にとって，社会的なグループ（集団）にとって，経営層にとって，そして組織自身にとって，組織全体にわたる日々の活動の必要不可欠な部分である。その意味において，好機が生じた際に成長する生態系と類似性がある。しかし，それらの違いは，生態系は好機を探しもしなければ予見もしないという点である。最も重要な点は，生態系は好機を創造はしないし引き起こしもしないが，組織はそれをするという点である。組織は戦略的かつ戦術的であり，またそれができる存在なのである。

ポジティブを強調する

　上記の簡略な歴史で示したように，レジリエンスについての思考方法は，二分法的な見かたが典型であった。つまり，一方では，レジリエンスを欠き，それゆえにネガティブな結果が生じたのかも知れない素材，システムあるいは状況について述べ，他方では，レジリエンスが存在し，それゆえにネガティブな結果を回避できた素材やシステムあるいは状況について述べてきた。これは，2000年代初頭にレジリエンスエンジニアリングが安全に関する従来の見かたに対する代替案（より正確には補完策）として提案されたときも，またそうだった。最初の本である Resilience Engineering: Concepts and Precepts[*7] では，次のような定義がなされていた。

> レジリエンスのエッセンスは，組織（システム）が動的に安定な状態を維持するあるいは再獲得するための本質的な能力である。それは，大きな災難の後や継続的なストレスの存在下において，組織（システム）が継続的に動作することを可能にする。（Hollnagel, 2006）

　この定義は2つの状態—安定的な機能継続とシステムの破綻—を並記することで歴史的な状況を反映している。しかし，この段階では，定義は脅威（threat）やリスクあるいはストレスが存在する状況に対峙することにとどまっ

[*7] 訳注：邦訳は北村正晴監訳『レジリエンスエンジニアリング：概念と指針』2012，日科技連出版社。

ていた。

　それにもかかわらず，レジリエンスと頑健性（robustness），あるいはレジリエンスと脆弱性（brittleness）に関する議論は，レジリエンスが単に失敗や破綻を回避するだけのものや安全の欠如の逆ではないことを，ほどなく明らかにした。後続の本である Resilience Engineering in Practice[*8] では，定義は次のように変更されている。

> システムが，予期されたもしくは予期されていない条件下において要求された動作を維持できるために，変化や外乱（disturbances）の前，最中，後に，その機能を調整する固有の能力（intrinsic ability）。（Hollnagel, 2011）

　この定義では，リスクや脅威（threat）への言及は，「予期されたあるいは予期されていない条件」への言及に置き換えられている。その注目点もまた，「動的に安定な状態を維持するあるいは再獲得する」ということから，「要求された動作を維持する」ための能力へと変化している。この進展を論理的に進めれば，次の定義が導かれる。

> レジリエンスは，人々が単独または共同して，条件に応じてパフォーマンスを調整することによって大小さまざまな日常の状況変化をどのように扱うかについての表現（expression）である。組織のパフォーマンスが，予期されたもしくは予期されていない条件下（変化／妨害／好機）で同じように機能できれば，その組織はレジリエントである。

　このような定義の変更は，レジリエントなパフォーマンスの視野を拡大する。レジリエンスは単に脅威（threat）やストレスから回復できることではなく，むしろ多様な条件下で要請どおりに機能でき，外乱（disturbance）と好機の両方に適切に対処できることである[*9]。レジリエンスエンジニアリングの関

[*8] 邦訳は北村正晴・小松原明哲監訳『実践レジリエンスエンジニアリング―社会・技術システムおよび重安全システムへの実装の手引き』2014，日科技連出版社．
[*9] 訳注：10年程度の間に，レジリエンスそれ自体の定義が大きく変容していることに注意したい。脅威への対処だけでなく，好機への対応能力を明示的に含むことにより，レジリエン

心対象は，特性（または性質）としてのレジリエンス，あるいは「X 対 Y」の二分法におけるレジリエンスというよりは，レジリエントなパフォーマンスである。

好機への対応を強調することは，防御的（protective）な安全（Safety-I）から生産的（productive）な安全（Safety-II）への移行のために，そして究極的には安全とレジリエンスを分離して，不毛な議論や過去のステレオタイプな理解を捨て去るために重要である。レジリエンスは，単に組織がいかに安全を維持しているのかを対象にしているのではなく，組織がどのように振る舞うのかを対象にしている。好機を生かすことができない組織は，脅威（threats）や外乱に対処することができない組織と比べて，長い目で見れば，さほど良い立ち位置にいるわけではない。

レジリエンスエンジニアリングの目的は，組織が日々の条件において効果的に行動できること，言い換えるならば，日々の仕事を成功裏に行えることを確かにすることである。また，組織が，より通常ではない状況，すなわち予期されていなかった状況，さらに別の言いかたをすると，組織の機能やパフォーマンスを混乱させる可能性があるとき（脅威やリスク）や，日々のパフォーマンスを改善したり，増大させたりする可能性があるとき（好機）の両方にうまく対処できることを確かにすることも目的である。実際に，レジリエンスは非定型的あるいは危機的なインシデントの最中に見られるだけではなく，インシデントが起きなかったとき，すなわち許容できる結果を提供しながら定型的に機能している間にも（むしろそういうときにこそ）見られるものである[*10]。生態学とビジネスは，組織のレジリエンスが，それ自身の存在を持続させる，つまり生き残り，繁栄するための能力の表れであるという点で一致している。生存，つまり継続的な存在は，そのこと自体がレジリエンスの証であるが，レジリエンスと同義ではない。

　　　スは従来型「安全」の拡張とは意味合いが大きく異なる内容を含むことになる。
　[*10] 訳注：レジリエンスは，危機的インシデントの最中だけでなく，受け入れられるような普通の動作をしている間にも見いだせるということを著者は強調している。

2.3 私の組織はどれぐらいレジリエントなのか？

組織のレジリエンスが重要な問題であることが受け入れられるとすぐに，どのようにすればレジリエンスのレベルあるいは程度を測定することができるのかという質問がなされる。安全文化（safety culture）（用語解説を参照のこと）や他のモノリシックな概念と対比させようとする試みは避けえないことである[*11]。そして，安全文化のレベルに言及するのは一般的なことであるため，レジリエンスのレベルや程度について同様の質問がなされるのは当然のことと考えられている。しかし，安全文化のレベルという概念に意味があるのか問われるべきであるのと同様に，レジリエンスのレベルという概念に意味があるのかも問われるべきである。どちらのケースにおいても，安全文化あるいはレジリエンスのはっきりした（distinct）レベルという概念は，あまり意味をなさない。安全文化のケースについては，広く行きわたった信念を変えるには恐らくあまりにも遅すぎるが，レジリエンスの場合には（できれば）そうでなくしたい[*12]。

性質としてのレジリエンスは存在しないという上述の主張について議論するよりも，むしろ我々は，組織のレジリエントなパフォーマンスのポテンシャル，あるいはやや不正確だが組織のレジリエンスのポテンシャルについて議論すべきである。組織はレジリエンスを持つことができないが，レジリエンスのためのポテンシャル，より正確にはレジリエントと特徴づけることができるようなやりかたで振る舞うためのポテンシャルは持つことができる。これは，前述のように修正されたレジリエンスの定義によく対応している。

レジリエントなパフォーマンスのための組織のポテンシャルは，その組織がつねにレジリエントに振る舞えることを必ずしも意味しない。しかし，逆の関係は維持されている。つまり，組織がレジリエントなパフォーマンスのための

[*11] 訳注：ヒューマンファクター，組織文化など，それに言及すれば問題の本質が捉えられたように思える簡略的な説明を，著者はモノリシックな概念またはモノリシックな説明と呼んで批判的に捉えている。

[*12] 訳注：本書を通じて，著者は「安全文化のレベル」という見かたに異議を申し立てている。しかし同時に，本章で述べているように，安全文化のレベルという見かたはすでに広く行きわたっているので，これからその修正を目指すことは困難だとも考えており，せめてレジリエンスについてはそのようなレベル化を避けたいと考えている。詳しい議論は第8章でもなされる。

ポテンシャルを持っていなければ，パフォーマンスが一貫してレジリエントであることはない．言い換えれば，ポテンシャルを確立し，マネジメントすること自体は，レジリエントなパフォーマンスを保証しないが，特殊なケースを除いて，ポテンシャルが欠如していれば，レジリエントなパフォーマンスはまったく期待できないことになってしまう．

　ここまでの議論を踏まえて，この本の残りの部分では，レジリエントなパフォーマンスのためのポテンシャルについて，それはどのように定義されるのか，それはどのように測定され，マネジメントされうるのか，そして今日の安全マネジメントシステムに対して，それはどのように実証され実行可能な代替案を提供するのかについて述べることにする．

第3章

レジリエントなパフォーマンスの基礎

　組織とは，ある特定の共通目標を達成するために，申し合わされた活動に従事している（組織のメンバーと呼ばれる）人々の安定的な連合として定義することができる。組織は，1つまたはそれ以上の基準を満たすよう目標を達成するために，異なる役割や機能を異なるグループあるいはメンバーの集団に割り当て，彼らの仕事を調整することによってマネジメントされている。これらの基準は，安全性，生産性，品質，そしてスピードや正確性，あるいは幸せ，達成感，成長などに関する個人的なものとして具体化することができる。組織のパフォーマンスを維持するために，組織，より正確に言えば組織の経営層は，諸活動を調整し，効果的に仕事を行うためにリソースが使用できることを保証し，人々やグループ間の目標や優先度の対立を解消しなければならない。

　組織においては人々は異なる役割や責任を割り当てられているか，引き受けているので，組織は均質的（homogeneous）ではなく非均質的（heterogeneous）である。このことは，とりわけ，組織の一つの部署が，他の部署が行っていることを，あるいはいくつかのケースでは他の部署それ自体をもマネジメントする責任を負っていることを意味する。マネジメントの第一目標は，長期的な目標（goal）や短中期的な目標（objective）を効率的かつ効果的に達成できるようにするために，人々の努力（effort），より厳密に言えば，経営層自体を含む，あるいはそれを除いた組織の人々の努力を調整することである。

3.1 想定される仕事(Work-as-Imagined)と実際の仕事(Work-as-Done)

　何らかの形で他の人々をマネジメントする責任を負っている人にとっての中心的課題は，何が他の人々が行っていることを決めているのかということである。これは，仕事を成功させるために（意図されたアウトカムを出すために），人々が何をすべきかを計画するとき，現実の状態を勘案しながら業務に従事している人々の仕事ぶりをマネジメントするとき，そして結果を分析するときに，（とくに結果が受け入れられなかったり，予期されていないものであったときに）重要である。他の人々が実際に行っていることが実際の仕事(Work-as-Done：WAD)と呼ばれる一方で，他の人々が何を行っているのかという仮定や期待は，想定される仕事(Work-as-Imagined：WAI)と呼ばれる[*1]。仕事の計画，仕事のマネジメント，そして仕事の分析においては，つねに仮定される ―つまり想定される― 仕事の記述が参照される必要がある。この状況を図 3.1 に示す。

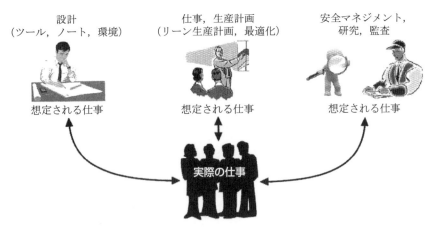

図 3.1　想定される仕事（WAI）と実際の仕事（WAD）

[*1] 訳注：先行の書籍では，行うことが期待された作業と実際になされた作業，と訳しているが，本書では簡潔にこのように翻訳した。

「想定される（imagined）」という用語は，侮辱やネガティブな意味で使われているわけではなく，単に，仕事の記述は，現場において行われている仕事—すなわち実際に行われている仕事—と完全に一致することは決してないということを認めているだけである。できる限り仕事を定常化し，予測可能にするために，仕事や業務環境の標準化に多大な努力を払った場合であっても，いつも多くの違い（それらのほとんどは小さいものだが，いくつかは大きなものになりうる）はつねに存在する。実際の仕事のマネジメントは，我々が起きていると想定していること（あるいは起きるだろうと望んでいたことや，起きていると信じていること）ではなく，実際に起きていることを参照しなければならないのは明らかである。そこで，仕事のマネジメント，そして何にもまして組織のマネジメントは，可能な限り，リアルで正確な仕事の記述—すなわちモデル—に基づいて行われることが必要不可欠である。

それゆえ，マネジメントを効果的に行うための条件としては，マネージャーたちが彼らがマネジメントしている人々がどのように行動するかを正確に予測できることがあげられる。これは，その関係が師匠と弟子のように一対一の関係であるか，あるいは小さなグループ，部門やユニット，部局，会社，多国籍企業のマネジメントのように多対多の関係であるかにかかわらず同じである。そして，目的や目標が，安全（Safety-I のような危害（harm and injury）の低減）であるか，期限どおりの納入（遅れの削減）であるか，効率性（無駄の削減）であるか，品質（精度悪化や性能悪化の低減）であるか，生産性（休止時間の低減や 1 ユニットを生産する際のコストの削減）であるか，顧客満足度であるか，その他の何であるかにかかわらず同じである。そのような予測が当て推量よりも良いものであるためには，モデルあるいは人々が行っていることをなぜ行うのかのシステマティックな—もしかすると科学的な—記述を持つ必要がある。

3.2 個人か？ あるいは組織の「仕組み」か？

昔から哲学者や経済学者たちは，そして近年では行動科学や組織科学の研究者たちも，何が人々にその行為をさせているかを理解することの必要性を認識

してきた。その答えは，数多くかつ多様であり，不可避的にその時代の支配的な考えかたを反映してきた。哲学や経済学を別にしても―そして議論を前世紀からに限定したとしても―最初のうちは「人間の性質」について，個人のモチベーションあるいは「仕組み」について，人々を「動かす」ものについての討論だったが，後には周辺環境からの影響，とくに組織からの影響に関する議論も含まれるように拡張された。

有名な，かつしばしば批判もされる例は，20世紀の最初の10年間に，テイラー（F. W. Taylor）によって開発された科学的管理法（Scientific Management）の原理である（Taylor, 1911）。出発点は，仕事において人々（たとえばレンガ積み工や鋼材置き場の労働者，そして手作業による検査の作業員）の生産性を向上させる最良の方法は何かという課題であった。テイラーは，単純に人々を厳しく督励して働かせるよりは，仕事を行う方法を最適化するほうがよいと主張した。それゆえ，科学的管理法はある意味ではWADへの関心を導入したが，その目的は，WAIを最適化する方法を定め，そのWAIを達成できるようにWADを変化させることだった。WADを変化させるステップは以下のようにシンプルである。

- 特定のタスクを実行するための最も効率的な方法を決め，能力やモチベーションに基づいて労働者と仕事をマッチングさせ，人々を最大の効率性で働けるように訓練する。
- 人々が最も効率的な仕事のやりかたを行うことを確実にし，怠業（無為に過ごすこと）を回避するために，パフォーマンスを常時監視する。このことは，マネージャーと労働者との間の仕事の明確な区別と分担を暗示している。実際に，以前の管理法に比べ，科学的管理法は，労働者に対するマネージャーの比率が高くなることを要する。

科学的管理法は，人々はお金によって動機づけられることを当然と捉え，「公平なその日の仕事に対する公平な1日分の賃金」という考えかたをもたらしていった。この考えかたは今日でも用いられている。つまり科学的管理法は，仕事や人々に関する工学的な視点を示し，20年後に有名になり，それ以来ずっと有名であり続けた無駄を省くという考えの先駆的事例と見ることができる。

これは品質管理の基礎となった書籍（Walter Shewhart, 1931）の序文からも明らかである。その序文中で著者は，「産業の目的は，人々の望みを満足させるための経済的な方法を樹立し，その際，可能な限りすべてのことを人々に最小限の努力しか要求しないルーチンワークに変えることである」と述べた。だがその熱意にもかかわらず，その工学的な視点は当時も現在も異論が提起され，いまだに論争のある課題である。もちろん，その代替案は，仕事よりも人々を出発点とする人間中心主義的（humanistic）アプローチである。その第一の例は，人間のモチベーションの理論である（Maslow, 1943）。その中心的なアイデアは，人々は可能な限り完全に自己実現する欲求を有しているということであり，それゆえ，その焦点は，手仕事に従事する人々というよりは，うまく機能している個人あるいは模範的な人々（exemplary people）に置かれた。そしてマズローの自己実現に関するアイデアは，労働者の行動の理解にも影響を与えた。つまり自己実現の経営（eupsychian management）に関する特定の理論の基礎となったのである（Maslow, 1965）。

　マズローは，人々の行動は，基盤的な欲求から自己実現の欲求まで，彼らの欲求によって動機づけられ，駆動されると仮定した。その欲求は，階層を形づくるように記述され，生理学的な欲求を底部に置き，自己実現の欲求を最上位に置いたピラミッドとして表された。その間には，安全の欲求，愛と帰属の欲求，承認（self-esteem）の欲求がある[*2]。この理論によれば，人々が階層のより高位の欲求を追求する以前に，下位の欲求が満たされなければならない。しかしながら，より高位の欲求を追求することは，低位の欲求が満たされ続けることを必要とし，これは，その人の複数の欲求が同時に満足可能でなければならないことを意味している。このことから，仕事のマネジメントは，高位の欲求を目指すために，より低位の欲求が満たされていることを確実にすることであると意味づけられる。人々を仕事に従事させるためには，「公平なその日の仕事に対する公平な1日分の賃金」は必要だけれども，テイラーとは違い，主として金銭的な見返りを求めているとは見なされない。人々を「動かす」ものは自己実現の欲求であり，仕事のマネジメントは，それが可能であることを保

[*2] 訳注：マズローの欲求段階モデルの説明である。

証しなければならない。

　第3のアプローチ，それはテイラーの工学的な考えかたと，マズローの人間中心主義的な考えかたの並置であるが，Douglas McGregor's（1960）が提案した「X理論」と「Y理論」の2つの理論である。それら2つの理論は，従業員のモチベーションの対照的なモデルを表す。X理論によれば，人々は自然には動機づけられておらず，仕事をすることが嫌いである。このことは，物事がなされるように積極的に介入する権威主義的なマネジメントスタイルを推奨する。つまりすべての行動はトレースされ，行動のアウトカムによって，それをもたらした個人に報酬や懲戒が与えられなければならないのである。このマネジメントスタイルの欠点は，従業員の可能性を制限し，創造的な思考を失わせることである。代替案である「Y理論」は，人々は身体的あるいは精神的に仕事を楽しんでおり，問題を創造的な方法で解決する能力を持っていると主張する。Y理論によれば，もしマネジメントが標準やルール，そして制限に基づけば，彼らの才能が無駄になってしまう。その代わり，マネージャーは，道義性や創造性，自発性，問題解決，偏見の影響除去（あるいは最小化），そして事実の受容を通じて，最適な仕事の場をつくり出すべきとしている。

　「X理論」と「Y理論」の意図は，マネージャーが人間の行動の起源に関して保有しうる2つのタイプの信念を特徴づけることであり，一方が他方よりも優れていると主張することではない。「Y理論」は，社会技術システムにおける仕事に関する今日の理解につながっている。しかし，たとえば事故ゼロの文化や，とくにSafety-Iの見かたのなかに「X理論」の形跡も未だに見ることができる。

3.3　個人のパフォーマンスから文化へ

　しかしながら，人間のパフォーマンスを理解するには，個人に関する理論以上のものが必要である。人々が行うことは，周囲からの影響，そして要求，期待，規範や価値観，言い換えるなら組織に依存する。刺激−反応メカニズムとしての人間（行動主義）から，情報プロセッサとしての人間（人間の情報処理）まで，人間の性質に関する多くの理論があるが，実際に人間が行うことは，彼

らが思うことや感じることと同じくらい社会環境や組織環境に依存する。人々は，見ることができるものや，そこに実際にあるもの，教えられてきたことなどに基づいて行動しているのではない。人々は，知覚したもの，注意を向けているもの，記憶できることに基づいて行動しているのである[*3]。しかし，人々が知覚するもの，彼らが注意を払っているもの，そして彼らが記憶していることは，複数の，そして時として相反する関心や動機に基づいており，合理的な意思決定の理想に合致していることはごく稀である。人々が行うことは，彼らの状況に対する理解，どのように世界が機能するのか（モデル，因果関係）に関する社会的に条件づけられた仮定，時間的視野，個人的，利他的，社会的な関心，場面のプレッシャー，その他の多くのことを反映しているのである[*4]。

　単一の原因に言及する説明（本章で後述するモノリシックな説明（monolithic explanation）（用語解説を参照のこと）に関する節を参照）や単純化された推論が広い範囲で好まれることから，このこと[*5]は文化あるいは組織文化として説明される。その初期の表現の一つは団結心（Esprit de Corps）の概念，すなわち，陸軍の兵士たちは強固なチーム精神と使命感，そして献身の心（devotion to a cause）を共有しているという見かたである。団結心はナポレオンの大陸軍における騎兵連隊の重要な特性であった。しかし，同様のものをローマ軍団や，より古い時代のスパルタ軍にさえ見いだすことができる。心理学の用語では，団結心は共有された要求水準（anspruchsniveau），つまり受け入れ可能なパフォーマンスを表す概念である（Chapman and Volkman, 1939）。要求水準は，通常は個人の特性と考えられるが，実際には，個人が周囲の人々（つまり組織）が自分に期待していると想定していることに依存している。

　個人の信念と組織環境の信念の間の依存性は，Keesing（1974）の著作である文化の理論（Theories of Culture）に述べられている批判的人類学的分析において顕著な役割を果たしている。文化は「人間のコミュニティとそれらの生態

[*3] 訳注：見ることができるもの，そこにあるもの，教えられてきたことなどは客観的に定義できる。しかし，それらが現時点で人間に認知されていなければ，それに基づく行動は起こらないことを著者は強調している。

[*4] 訳注：認知内容はさまざまな内的・外的条件に依存しているので，いわゆる「合理的」な意思決定とは整合しないことが多くなることを著者は指摘している。

[*5] 訳注：人間の判断や意思決定の背後要因。

学的な状況を関係づける役目を果たす（社会的に伝えられた行動の）様式」の体系として定義されている（前掲書 p.75）。言い換えるなら，文化は，一般と特定の条件下の両方で，どのように行動するのか，そして何をするのかに関する共通の合意と表すことができる。これらの「行動パターン」は，個人の「同僚が知っていること，信じていること，意図していることに関する考え，従うべき行動規範に関する考え」に基づいている（前掲書 p.89）。組織は，他と区別される文化，または構成メンバーの態度（attitude）や行動をガイドする共有された価値観，信念，そして規範の集合の担い手と見なされた。

　文化に関する人類学の考えかたは，初期の社会心理学の文化に関する考えかたと同様に，文化の価値や利便性に注目しており，文化それ自体に関しては論じていなかった。組織文化という概念の使用は，1970年代後半のマネジメントと組織の研究において始まり，1980年代に一般的になった。この概念は，安全文化の概念が1986年のチェルノブイリ原子力発電所事故を受けて提案されたときに大きく活性化した。高信頼性組織（High Reliability Organization：HRO）の研究では，「文化は，それが局所的で分権化された基盤として想起されたとき，協調や中央集権を守る同質の仮定（assumption）や意思決定の根拠をつくり出す。最も重要なことは，意思決定の根拠や仮定による中央集権化が起きた際には，監視がなくても規範が守られるということである」と述べられている（Weick, 1987）。

　今日における組織文化の概念は，心理学者の Edgar Schein によって定義されることでその最終形に達した。彼は次のように定義する（1990）。「…（a）所与の集団において共有された基本的仮定と（b）その集団によって発明され，発見され，あるいは発展させられたパターンであり，（c）それは外的な適応と内的な統合の問題への対処として学ばれ，（d）妥当であると考えられるぐらい十分によく機能し，それゆえ（e）新しいメンバーにそれらの問題について知覚し，考え，感じるための正しい方法として教えられるもの」。Schein は文化のモデルを示し，そこでは，観察者により確認できる特徴として組織文化の3つのレベルを提示している。最も簡単に見ることができるのは人工物（artefacts）であり，それは組織における有形で，明白あるいは言語的に言及可能な要素，たとえば建築物や調度，ドレスコードなどである。人工物は，その文化の一部

ではない人々すら認識することが可能である。次は，アイデンティティ，公式の目標，行動の方針とルールのような信奉される価値（espoused values）である（最も議論の的になる例は，恐らく「安全第一」だろう）。組織の構成員は，彼ら自身や他人に対して組織を示すために，そしてそれゆえに彼らあるいは他の人々がそうなるように望んでいることの表現としても，信奉される価値を使う。最後のレベルは共有された基本的仮定（shared basic assumptions），すなわち当たり前とされるもので，通常，無意識（あるいは無形）であり，ある意味ではそれは文化の要素を構成する。共有された基本的仮定は，しばしば組織の内部からよりも，組織の外部から気づくことのほうがより容易である。

　文化を伴った実務は，安全に対する個人の態度（attitude）ならびに組織の構成員に共有された姿勢や理解，それらを支える組織の構造やリソースにより構成されねばならない。ここでの解決困難な疑問は，文化を変えることが人々のパフォーマンスの変化につながるのか，あるいはその逆なのか，ということである。もし，人々が行うことの主たる決定要因が安全文化―あるいは組織文化― であると考えるならば，文化は独立変数で，パフォーマンスは従属変数である。しかし，それは逆なのではないか，つまり文化は人々が行うことによって影響を受けており，文化は主にパフォーマンスの総合体あるいは抽象ではないか，と考えることもできそうである。この議論は第7章で再び行う。

接尾辞（suffix）としての文化

　「文化」という用語は，多くの方法で使用されたり，誤用されたりする。それはしばしば，もっぱら安全ばかりではなく，組織のパフォーマンスにとって重要と考えられる何かに名前を付けるための便利な解決法としての役割を果たすが，完全には理解されていない。多くの使いかたにおいて，「文化」が接尾辞として使われている。安全文化のさまざまな亜種の定義がその例である。

- 安全文化（safety culture）：仕事場（workplace）において，安全がマネジメントされている方法。しばしば，「安全に関して従業員（employee）が共有している態度，信念，知覚，価値観」，あるいは単に「私たちがこ

こで安全のために行うやりかた」と定義される。ここではもちろん，それがどのような種類の安全なのかという問いは回避されている。

- 報告する文化（reporting culture）：事故やインシデントなど，組織にとってリスクになりうることに関する報告の作成・収集・分析を進んで行うこと。
- 公正な文化（just culture）：第一線のオペレータや他の人々が，その経験や訓練に相応してとった行動，省略，意思決定によっては処罰されないという原則。しかし，重大な過失，故意の違反，破壊的な行為（destructive act）は許容されない。
- 学習する文化（learning culture）：従業員や組織が知識や能力を向上させることを奨励する役割を果たす組織の慣習，価値観，実践そしてプロセス。
- セキュリティ文化（security culture）：コミュニティの活動が破壊される，またはサボタージュの対象となる，などのリスクを低減することに寄与する共有された慣習。

これらの例は（その他の例も），説明されるべきものとして「ナントカ文化」を提案することは単純である一方で，それは単に何かに名前を与えるだけであり，説明しているわけではないことを示している。このいささか厄介な問題を補うための一つの方法は，ナントカ文化の測定法を提示することである。測定は，何であれ測定されたものが確かに存在しているということを「明らかなこととして」証明するからである。人間は，それを理解し，それを制御可能であるということを証明するために，何かを測定することを必要とする強い欲求を持っているようである。これは，Kelvin 卿の「測定することは知ることである（To measure is to know）」という有名な格言に反映されている。測定は確かに知らないこと（unknown）に伴う心地よさ（comfort）の欠如による恐ろしさを減らすことに寄与する。安全文化（安全マネジメントにおける必須の要件）が何かわからない，ということは心地よくない。しかし，安全文化の測定（もっとよくないのは安全文化のレベルの測定）は，安全文化を現実のものにはしな

いし，その存在を証明もしない*6。

　安全文化のような，単純で一つの解決法を選択する傾向は，明らかに誤っており，目標を見失っている。組織文化（よりよい用語がないのでこれを用いるが）は疑いなく，重要なパフォーマンスの決定要因である。しかし，決定要因はそれだけではない。実際に，Scheinの理論が指摘しているように，組織文化はいくつかの側面を持っており，視認可能な（そして，それゆえに容易に変えることができる）側面もあるが，視認が困難で，変えることがより難しいか，あるいは不可能な側面もあるのである。

3.4　レジリエンスのポテンシャル

　基本的な意味において，組織のパフォーマンスは組織を構成する人々のパフォーマンスと不可分である。これは，パフォーマンスのどの側面についても当てはまるので，レジリエントなパフォーマンスについてもそう言える。しかし，組織の，そして組織のなかの人々のパフォーマンスを決定づける要因が複数存在することも明らかである。それは単なる外的条件（単純かつ議論の余地のない標準，動作時間研究（time-and-movement study））でもなく，また自己実現あるいは他の何かのような内的あるいは心理学的な要因でもなく，認知的要因に相当するものでもないし，合理性の追求や単純な快楽主義（hedonism）でもない。

　レジリエンスエンジニアリングはその初期から，機能的な見かた，すなわち組織とは何かということよりも，組織が何を行うのかに注目してきた。安全マネジメントや安全文化，そしてある程度は高信頼性組織の学派も，うまくいかない物事に言及することによって，言い換えるならばSafety-Iの観点からその存在を正当化しているのに対して，レジリエンスエンジニアリングは，組織がどのように振る舞うのか，その振る舞いは，予期された条件下でも予期されていない条件下でも同様に機能を実行できるようにすることを通じてシステムが

---

*6 訳注：安全文化のレベルという見かたには意味がないことは，第2章ですでに言及されているが，ここではその測定に意味がないという批判的見解が強調されている。

存在し続けることに寄与するのか，という点に注目している。組織は，いくつかの方法で存続することができる。すなわち，現在の機能を維持あるいは支持すること，現在の機能を成長あるいは拡大させること（市場の成長のように），名前とブランドは維持しているが完全に新しいビジネス分野に参入する企業のように新たな方法で機能させること，などがその例である。レジリエンスエンジニアリングは組織が行うあらゆることに注目し，うまくいかないことだけではなく，より幅広い範囲のアウトカムにおける組織の機能に注目する。安全は唯一あるいは最重要な関心対象ではなく，いくつかの関心の対象の一つである。

上述のナントカ文化のリストにおいて，「レジリエンス」という用語が使われる機会は増えてきているが，レジリエンス文化（あるいはレジリエンスの文化）は入っていない。なぜ組織がレジリエントなやりようで行動できるのかを理解することは明らかに重要である一方で，その解決策はレジリエンス文化の存在を探すことや想定することではない。答えを見つけるために，組織がそのように行動することを可能にしているのは何なのかを，より詳細に見る必要がある。レジリエンスエンジニアリングは第一に重要な4つのポテンシャルを提案している。対処するポテンシャル，監視するポテンシャル，学習するポテンシャル，そして予見するポテンシャルである。「レジリエンス文化」のようなラベルが意味を持つとしたら，それはこれらのポテンシャルが日常の実践にどのように寄与しているかを示す場合である。しかしながら，そのようなラベルはむしろ回避することが望ましい。

3.5 中休みとして：モノリシックな説明

単一かつ単純な説明を好むことは，人々が周りで起きること，とりわけ望ましくない結果へとつながった善意の行動を説明しようと努力する際に広く見受けられる。そのような好みは，活動，政治，倫理，法律，生物学，歴史，金融，科学，そしてもちろん産業安全において見ることができる。産業安全に関しては，それぞれ技術の時代，ヒューマンファクターの時代，安全マネジメントの時代と呼ばれる3つの時代としての安全の考えかたのカテゴリ化によって，説

得力をもって説明される（Hale and Hovden, 1998）．このカテゴリ化は，それぞれの時代に，単一の説明あるいは原因―すなわち技術的な故障，「ヒューマンエラー」，安全文化―が一群の問題に対する支配的な解答として受け入れられてきたことを明示している[*7]．そのような多対一の解答は明らかに魅力的である．なぜなら，それは何が起きたかを説明することと，それを他の人に伝えることの両方を容易にするからである．多くのケースにおける実用的な価値は限られている一方で，感情面での価値，つまり心を安らかにする能力は明白である．この種の説明は，単一の概念や要因に依存するゆえにモノリシックと呼ばれる．モノリシックな考えかたが非常に普及していることは，さほど驚くことではない．なぜなら，それは人間がどのように考えているかを説明するために使われる，まさにその言語に対応しているからである．我々は思考の（単一の）筋道，あるいは（単一の）推論の過程について語る．事実，理想的な推論は論理的思考であり，それはまったく線形的である[*8]．

　モノリシックな説明は社会的な規則を表していると見ることができ，それゆえ本質的には社会的な構築概念（social construct）である．それらは，効率-完全性トレードオフ（Efficiency-Thoroughness Trade-Off：ETTO）（Hollnagel, 2009a）の一つの形と見ることもできる．モノリシックな説明は使う上で効率的であり，すぐに適用することができ，ほとんど認知的あるいは心的な努力を必要としないが，完全性や正確さは欠いている．遅かれ早かれ，モノリシックな説明はそれが解決すると思われていた状況を改善する能力のなさを露呈する．もちろん，モノリシックな説明は入力情報のオーバーロード問題（Miller, 1960）に対する究極の解でもある．それは分類のカテゴリを一つだけに減らすからである．

　安全への一般的なアプローチや安全マネジメントはモノリシックな説明に満

[*7] 訳注：ここでヒューマンエラーだけが「」付きで記されている理由は，ヒューマンエラーを事故の原因と見なす考えかたは，ヒューマンファクター専門家の間では否定されているからである．ヒューマンエラーは原因というよりさまざまな条件や制約の結果であり，見かけのエラーだけを取り出してその根絶を目指すことには意味がないという考えかたが背景に存在している．

[*8] 訳注：「A が起きれば B が結果として起きる」かつ「B が起きれば C が結果として起きる」のであれば「A が起きれば C が起きるはずである」のような推論は線形（linear）である．

ちあふれている。「ヒューマンエラー」や安全文化に加えて，よく使われる例は状況認識，複雑適応系であり，そして不幸なことにレジリエンスもそうである。それらはすべて直感的に意味があると思われそうな性質を共有しており，それらの表面的な妥当性はほとんど疑問視されない。それらはまた，言語的に表現された科学的概念（articulated scientific concept）に似ている。それらは膨大な数の科学文献で扱われ，印象的に名付けられた観察できない理論的構成概念によって説明されているからである。しかし，事実としてはそれらは単なる民俗的モデル（folk model）あるいは安全神話であり（Dekker and Hollnagel, 2004; Besnard and Hollnagel, 2012），当然のように受け入れられているが，証明されていないし，証明できない何かである。モノリシックな説明は一般に，それ自身が問題に対するただひとつの答えであるかのように使われる。その答えとは，何かが欠けていること —状況認識の欠落や欠陥のある安全文化— であることもあれば，それとは逆に，何かが起きていること —人々が「ヒューマンエラー」をしたことやシステムが複雑（complex）であること— でもありうる。どちらのケースでも，単純な解決法は単純な対処策 —ないものを提供するか，あるいは存在しているものを除去すること— につながっている。

第4章

レジリエンスポテンシャル

　仕事をマネジメントする目的は，許容される結果が得られること，つまり意図した頻度，速さ，信頼性を有する形で結果が得られることを確実にすることである。それは，許容できない結果が完全には防げないとしても，その数が現実的に最小に抑えられていることも意味している。このような状況は，組織がどのように機能し，仕事に携わる人々が実際にどのように仕事を行っているか（これが WAD を規定する）を正しく理解することによって初めて実現される。この理解は，望ましい結果がより多くなり，望ましくない結果がより少なくなるための努力の必須の基盤となる。

　第3章で議論したように，人間と組織のパフォーマンスは，一つの要素にうまくまとめることが難しい多くのことに依存している。レジリエンスはある種のパフォーマンスの特徴記述であり，言えるのは，組織はレジリエントなパフォーマンスを発揮するためのポテンシャルを持っているということだけである。現在のレジリエンスの定義によれば，これを実現するにはパフォーマンスを条件に合わせて調整できる能力，変化，外乱，好機に対処する能力，それを柔軟かつ適切な時期に行う能力が必要とされる。さらにこれらの能力が事象の発生以前，最中，そして事象後に機能することが要求される。これらの定義を基盤として，組織がレジリエントに振る舞うために必要かつ十分なポテンシャルを提唱することができる。レジリエントな振る舞いは，すべてではないにしてもほとんどの組織に備わるべきものであるので，このポテンシャルは領域依存であってはならない（もちろん，レジリエントなパフォーマンスは個人にも適用される概念であるが，それはここでの主要な論点ではない）。レジリエンスエンジニアリングは，レジリエントな振る舞いができるためには以下に述べ

る4つのポテンシャルが必要であると主張している（Hollnagel, 2009b）。

- 対処するポテンシャル（potential to respond）：何をすべきか知っている，または一般的ならびに例外的な変化，外乱や好機に対して，あらかじめ準備した行動を行うこと，現時点での機能のモードを調整すること，または新たな方策を考え出し創造することにより対処できること。
- 監視するポテンシャル（potential to monitor）：何を見るべきかを知っている，または近い将来に組織のパフォーマンスに良い意味または悪い意味で影響を与える可能性のあることを監視することができること（実際上，近い将来とは，進行しているオペレーション，たとえば航空機のフライトの間，またはある手続きの一つの区間を意味する）。監視は組織自体のパフォーマンスだけでなく作業が実施される環境で起こっていることも対象としなければならない。
- 学習するポテンシャル（potential to learn）：何が起こっているかを知っている，または経験から学ぶことができ，とくに適切な事例から適切な教訓を学べること。これには特定の経験から学ぶ単一ループの学びと，ゴールや目的を変更するための二重ループの学びの双方を含む。さらに，作業や状況に適合化するために価値や基準を変更することも含む。
- 予見するポテンシャル（potential to anticipate）：何を予見すべきかを知っている，または未来に向かう事態の進展の様相，たとえば潜在的な混乱の可能性，新たな要求や制約の発生，新たな好機の到来，操作条件の変化などを予見できること。

これらのポテンシャルを順に見ていけば，これら4つのポテンシャルが必要である理由を説明することは容易である。何かが起こったときに，もし対処できなければその組織は終わりである。短期的に見れば可能性であるが，長期的に見れば確実に終わりになるであろう。これは「大きすぎて潰せない」組織にも当てはまることである。この議論は監視するポテンシャルにも当てはまる。何が起こっているかを監視しない組織は，すべての状況が想定外で，あらゆることがサプライズとなってしまうだろう。しかし，つねにサプライズに直面する状況は望ましいとは言えないし，長続きもしない。学習するポテンシャ

ルが必要なのは，それがなければ組織は最初の段階で持っていた対処策をとることができるだけで，それを変えたり改良したりすることができないからである。操業環境が完全に安定していない限り（長い目で見ればそんな環境はありえない），対処の方策は時間の進展とともに変わらなければならず，それは学習の必要性を意味している。学習はうまくいった作業をより強化し，うまくいかなかった作業を変更し調整する役割を果たす（学習がなければ，監視も対処と同じように限定されてしまうであろう）。最後に，予見するポテンシャルが必要とされるのは，組織が，まだ起きてはいないとしても起こる可能性のあることに注意を払わなければならないからである。社会技術システムが設計・構築され，組織が構築されるときに，予見するポテンシャルが必要とされることは明らかである。しかし，将来にわたり環境は必然的に変化するので，実際の操業に入ってからも予見するポテンシャルは必要である。これは自明でない（nontrivial な）社会技術システムの場合，環境が他の発展と変化を続ける組織を含んでいるという事実によるものである。簡単に言えば，対処，監視，学習，予見するポテンシャルを持たない組織は，想定せぬ事態やその結果として起きる状況，とくに損害を伴う想定外の事態の犠牲となるだろう。対処するポテンシャルがなければ，「暴虐な運命の矢弾」[*1] を甘受することとなる。監視するポテンシャルがなければ，事前の警告が得られないため，対処を必要とするすべての状況がサプライズとなる。学習するポテンシャルがなければ，監視はいつも同じサインやシグナルだけを探すことになるから，いつも同じ対処をすることとなってしまう。最後に，予見するポテンシャルがなければ，組織が行うことはすべて短期的な懸念や優先事項への対処に限定されることになる。一時的にはそれでも十分かもしれないが，先を読んで代替策を考え想像するポテンシャルには，競争的な（そして進化的な）意味で優位性がある。

　さらに2つの問題が残っている。第1の問題は，ここで述べた4つのポテンシャル（対処，監視，学習，予見すること）で十分であるのか，他のポテンシャルがさらに必要なのかということである。この問題については4つのポテンシャルの内容と特徴を詳しく述べた後，この章の終わりで言及する。第2の

[*1] 訳注：ハムレットが出典。

問題は，これら4つのポテンシャルが互いに独立であるかという点である。これに関しては，最初の記述から明確であるように，答えは明確にノーである。しかしながら，4つのポテンシャルの間の依存関係は，それぞれに存在する重要なものであるので，別の章（第6章）で記述することとする。

4.1 対処するポテンシャル

　何かが起きたとき，組織は，同様に個人も，対処しないわけにはいかない。起こったことすべてに対処する必要はないかもしれないが，対処が要求される閾値を超えるものがほとんどでもある。文字どおり世界のなかを移動することに当てはめてみる。つまり歩行して道路上を移動する場合の重要な対処の種類として，衝突や争いの回避，想定外の障害の克服，近道の利用などがあげられる。対処が必要な状況は，作業の最中に潜在的にネガティブまたはポジティブな予見しない状況が発生したときであり，これらは脅威であったり好機であったりする。一般にこのような対処が必要な状況は，想定外または想定内のことが発生し，何も対処しなかったときの結果（価値）が，対処したときの結果と比べて望ましくない場合である。以下の事例は対処できることの重要性を示している。

2015年のエボラ危機

　2014年から2015年にかけて続いたエボラ出血熱の流行により1万1000人以上の人が亡くなった。これは1976年にエボラ出血熱が発見されて以来の全死者の6倍であった。この一つの要因に，ギニア，リベリア，シエラレオネなどの最も深刻なエボラ出血熱の影響を受けた国々では，迅速にこの病気の発生を検知し報告し対処することができなかったことがある。世界保健機関（WHO）がこのようなパンデミックに対処した経験が少なかったことも状況を悪化させた一因であった。2002年にSARSに関する警告が発せられたが，予想されたようなパンデミックには発展しなかった。2009年にはまたH1N1ウイルスに関する警告が発せられ，莫大な資金が投じられて大量のワクチンが製

造されたが，後にそれは不必要であったことが明らかになった．エボラ出血熱が世界的な健康被害をもたらす緊急事態だと WHO が宣言したのは発生が知らされた 5 か月後であり，これはあまりに遅すぎた（Moon et al., 2015）．

　WHO の長官は，後知恵にはなったが，組織はもっとロバストな対処を行うべきであったと公に認めている．長官はさらに，健康被害の緊急事態に対する新たな一つのプログラムを構築するなどの組織の根本的な改革を約束している．

大型スーパーストア「ターゲット」でのポルノ

　2015 年 10 月 15 日，アメリカの「ターゲット」ショッピングセンターで買い物をしていた人々に，突然，拡声器から驚くような内容が聞こえてきた．いつもの聞き慣れたアナウンスではなく，ポルノフィルムからのあからさまな音声が全員に聞こえるような大音量で流れ，それが 15 分間も続いたのである．地元メディアによれば，この事態はこのときだけではなく，4 月から最低でも 4 回は起こっていたようである．

　侵入者はこの店の館内アナウンスシステムの弱点を利用したのである．この事態が発生した後で判明したのは，ある内線番号への接続要求をすることにより，外部からの呼び出しでインターコムの制御を効果的に奪うことができたという事実である．この事例で興味深いことは，店のスタッフがどのように対処するかを知らなかったために望ましくない「アナウンス」を止めることができなかったということである．

4.2　対処するポテンシャルの特徴

　対処するポテンシャルは単なるお決まりの反射的な行動のことではなく，実際には非常に複雑な事柄である．以下では，不完全ではあるが，対処するポテンシャルに関係して考慮すべき重要事項，ならびにこのポテンシャルがどのように実現され維持されうるのかについて述べる．

　いつ，どのように対処するかが中心的な課題になることは明らかである．対

処を一つの機能として捉えた場合，対処のきっかけ，または対処行為を活性化するための，ある種の条件または入力が必要である。

この入力は，現在の活動の状態を妨げたり中断させたりする状況の変化や突然の出来事である。たとえば，新たな指示，想定されていない要求，方向性（目標）の変更，動作条件の変更などがそれにあたり，具体的な例としてはウインブルドンの試合中の突然の降雨があげられる。また，入力としては，たとえば監視の結果（警報）のように，組織における内部的な変更も考えられる。

対処を開始するきっかけとなる条件を検討することは「自然」であるが，いつ対処を終了または停止するかという検討もまた重要である。意図した効果が得られる前に対処を止めるのは不適切で早すぎるし，効果がなくなってしまった後も対処を続けるのもまた不適切であり遅すぎることになる。対処を始めるきっかけとなる事象は外的なものであるが，対処を止める意思決定やそのためのルールは内的なもの，つまり対処方法の一部である場合が多い。たとえば手順書がその例である。この意味で，対処は期待した効果が得られているか否かを決める条件や状況を，対処が行われている場所で監視することも含んでいる。

対処の主な影響または結果は，もちろんその対処行動そのものである。この対処行動は，計画または準備されている場合もあれば，状況のなかで生成される場合もある。事前に可能性のある事象を検討して適当な対処行動を準備しておくことには利点があるが，それには限界もある。典型的に発生する事象や状況に対しては，対処行動をあらかじめ準備することはコスト的にも見合うが，非典型的あるいはまれな事象や状況に対しては，対処行動をあらかじめ準備しておくことは現実的に不可能である。このような場合は，事象が発生した，まさにそのときに対処行動を編み出さなくてはならない。これにより対処に時間的な遅れが生じるかもしれないが，この遅れは通常は経済的にも受容可能なレベルと考えられる。

対処を開始する前，行動を始める前に，満たされていなければならない条件がある。たとえば，正式な許可を要請して承認を得ることが必要な場合もあ

る。パイパーアルファ事故*2 はこのような条件が悲劇的状況につながった実例である。管理者がシャットダウンを許可する権限を持っていなかったため，隣の掘削プラットフォームでは石油のくみ出しが続けられていた。このような手続きになっていた理由は，シャットダウンが莫大な損失をもたらすからである。許可を要請して承認を得る手続きは，対処のタイミングに悪影響を与える可能性がある。他の場合においては，対処の開始の条件，警報や指示（または承認）は，同定（clarification）や確認が必要とされる。多くの作業環境においてこの手続きは事前に定められており，航空管制がそのよい例である。

　もう一つの必要条件は，適切な人が適切な場所にいること，他の人たちは安全な場所にいること，そしてタイミングが適切である（ただし，これは場合に応じて考えられる）ことである。一般的に，組織は準備の整った状態にあるか，対処を始めることができる状態になければならない。これに関するよい例は，大規模地震，地滑りや他の自然災害への対処である。対処を始める条件は明確であり，対処の本質もよくわかっているが，物資，チーム，輸送，通信手段などの準備が整わない限り，対処を開始することはできない。

　対処がなされるときには，特定のリソースが必要とされる。これらのリソースは一般に道具，スタッフ，資機材と表記されることもあるし，より詳細には特定の対処法や条件として表記されることもある。能力を有するスタッフは（多くの場合）明らかに重要なリソースである。一つのツールを他のツールや他の物資で代用することは容易だが，必要とされる能力なしで済ませることは困難である。物資のリソースもまた決定的に重要である。林野火災での消火活動を例にとると，火災を成功裏に終息させることができる以前に人と物資（水や化学消化剤のような当たり前のものを含む）が枯渇してしまうことは珍しくない。

　対処は，実行される段階でもマネジメントされなければならない。対処が単一で一方向的な行為や活動であることはまれであり，作動させられた後はそれ自身での調整を含むものである。対処は多くの場合，複合的で統合的であり，いくつかの異なるステップとフェーズを含み，ある時間の間は持続する。これ

---

*2 訳注：1988 年，北海の石油掘削プラットフォームで起きた火災事故で，犠牲者 167 人。

らをマネジメントし制御するためには，何をすべきかを規定する手順や計画が必要とされるだろう。例としては，多くの工業施設や輸送活動における緊急事故対策，危機管理計画，避難計画などがあげられる。対処の一方で，組織としては緊急事態や例外的なオペレーションの最中であっても，ある程度は通常業務も維持することが必要な場合もある。許容できる作業実施の基準（パフォーマンスの許容範囲）は変更されるとしても，日常的な業務は存在するし，処理されねばならない。

最後に，対処のタイミングも重要である。開始が早すぎても遅すぎてもいけないし，同様に終了させるのが早すぎても遅すぎてもいけない。最初の開始のタイミングが適切でないケースは意図された結果が得られないかもしれないし，2番目の終了のタイミングが適切でないケースは貴重なリソースが無駄になってしまうかもしれない。対処のタイミングやそれらの同期も重要であり，状況が特殊であったり，他の措置が同時になされている場合がとりわけ問題となる。

4.3 監視するポテンシャル

作業環境（組織の外部）で何が起こっているのかと，組織内部で何が起こっているのか（組織自体のパフォーマンス）の両方を柔軟に監視することができなければ，レジリエントな挙動を実現することは不可能である。監視は，脅威であっても好機であっても，時間的に近い事象を扱う組織のポテンシャルを改善する。

間違えようのない事象や変化が生じたときは，それに対処することはそれほど困難ではない。少なくとも，何かが起こっていて何かをする必要があることを認識するのは困難ではない。しかし，何かが起こった後に対処をすると，その効果が小さすぎ，遅すぎる可能性がある。もしも状況が後戻りできないほど進展している場合，対処が遅れると，早い時期に対処したときと比べて対処は異なったものとなり，広範囲（つまりコスト高で長い期間が必要）なものとなってしまう。どのようなプロセスや活動であれ，それを効率的に管理するためには，小さくて実質的な変化には至らないが，それにもかかわらず深刻な結

果につながるかもしれない挙動変化や傾向に気づき，認識し，そのわずかな変化に対処し，監視することが必要である．言い換えれば，効果的な監視はプロアクティブでなければならず，来たるべき状況を認識できるように先行指標（leading indicator）を利用できなければならない．

　大多数の組織は，対処するポテンシャルの必要性は認識している一方で，監視するポテンシャルに関してはそうではない．組織によっては，監視するポテンシャルの重要性は低いと考えることを正当化しているようである．このような状況は，変化の発生が非常にまれな環境にあるシステム（地質学的に安定な場合）や，極めて規則的でそれゆえ予測可能な状況で変化が発生し，変化の影響が小さく，無視していても安全が維持できる（本質的に構成要素のシステム群が結合していないか極めて緩く結合している）場合だけである．以下に，監視するポテンシャルの重要性を表す例を述べる．

プルドー湾原油流出

　2006年3月2日，アラスカの西プルドー湾のBP社が所有するパイプラインで漏洩が発見された．漏洩を止めるまでに5日かかり，21万2000 USガロン（約5000バレル）の原油が1.9エーカーの範囲に流出した．この漏洩は86 cm径のパイプラインに開いた0.64 cmの穴からの流出であった．漏洩発生後の検査で，パイプラインの壁面の厚さが腐食により70％以上薄くなっていたことが明らかになった．

　パイプラインの腐食はよく知られている現象であり，腐食のレベルは監視可能である．Alyeskaパイプライン会社が運営する同様のパイプラインにおいては，次のような方法で監視が行われていた．すなわちスクレーパーピグ[*3]を2週間に1回使用．腐食をチェックするスマートピグは3年に1回使用．検査員による目視検査を飛行機上から週1回，車上から3か月に1回実施．そして1年に1回，全長1287 kmにわたるパイプラインに沿って歩行し，手作業による検査を実施．

[*3] 訳注：パイプ内部の点検工具．

これと極めて対照的に，BP社による監視はわずかなものであった。会社として腐食のリスクは低いと判断し，ピグの使用は不要と決めている。実際に2つのラインはそれぞれ8年間と11年間，ピグによる検査はなされていなかった。監視はパイプライン内に挿入された金属片上の腐食スポットの検査と，追加の超音波検査を行うことで代用していた。会社はパイプラインの実際の状況を知ることなしに，単に大丈夫と仮定していた。

原油流出発生後に行われた議会の公聴会でアラスカBP社の社長は，腐食の制御プログラムは十分なものと信じていたとして，次のように述べている。「我々はパイプラインの状況をつねに把握するために努力する…しかし，振り返ってみれば明らかにそれに失敗していた」。

インフレ指標としての消費者物価指数

世界中のすべての政府の共通の目標は，その国の経済が健全で，インフレが適正なレベルに制御されている状態を保つことである。インフレに関する強い関心は，20世紀に世界が経験した，インフレが制御できなくなり，極端な場合はハイパーインフレーションに至ってしまった複数の例があるからである。実際的には，さまざまな物価スライド型賃上げの要求を減らすために政府はインフレ率を低く抑えたいのである。そのためにはインフレを監視することが可能であることが重要となる。

よく利用されるインフレ率指標の一つが消費者物価指数（consumer price index：CPI）である。CPIは定期的に調査される代表的な品目の価格に基づく統計指標である。CPIは一つの値であるため利用しやすく，定期的に，たとえば1か月おきに調査されて報告されるが，いくつかの重大な欠点がある。一つの問題は，CPIが食料から車や家などの高額な消費財まで広範囲の品目を一緒に扱っている点である。これらの品目のうち，あるものは毎日購入しすぐに消費されるが，他の品目はまれにしか購入されず長い時間にわたり使われるものもある。もう一つの問題は，CPIが消費者の購入行動は一定であると仮定していることである。しかし，これらは長い時間で見ると変動しており，国の経済状態よりは地政学的な出来事に関係する変動に影響を受けるという点が考慮さ

れていないことである．CPIを構成するさまざまな品目は異なる重み，重要度を持っている．これらの重みを決めること，さらにはこれらが世の中の実際の状況に対応してどの程度の頻度で変わるのかを決めることは困難であり，論議の対象となるものでもある．

　最後に，CPIがインフレの「真の」指標として一般的に受け入れられたとしても，それにどのような対処をすべきか，どうすればインフレが最も効率的に制御できるかという点に関しての合意は存在しない．ある国は金融政策に頼り，ある国は賃金と物価の制御に頼り，ある国は通貨の切り下げに頼っているのが現状である．

4.4　監視するポテンシャルの特徴

　監視の目的は，作業環境や組織自身の内部で起きていることに目を配ることである．ほとんどの組織はまわりで起こっていることを監視しているが，それはいわば作業環境内で自らの存在を維持し，生き残るためである．すでに述べたように，監視を行うことの最もわかりやすく単純な理由は，それなしでは起こることすべてがサプライズとなってしまうということである．そのようなサプライズが生じれば，長い目で見ればもちろん，短期間であっても，組織が継続不可能となってしまうことは明らかである．現実的には，組織は起こりうることに対して可能な限り備えなければならず，それゆえ監視が必要となる．

　組織の外部環境，すなわち組織の外で何が起こっているかの監視は必要であるが，それだけでは十分ではない．組織自体の状況を監視し，内部的に何が起こっているかに目を配ることも必要である．組織内部で何が起こっているかがわからない状況，組織の備えの現状がわからない状況は，対処するポテンシャルを阻害する可能性がある．しかしながら，内部的に何が起きているかということはしばしば無視され，知ることに価値があるとは見なされない．有名な（悪い）例として，エアバス社がA380の配線の問題を認識していなかった事例がある．2006年6月13日，エアバス社はA380の製造工程におけるボトルネックにより顧客への出荷が7か月遅れることを表明した．同社の副社長はこの火曜日にエアバス社が声明を出すまで製造工程の問題を知らなかったと述べ

ている．報道によれば6月19日のミーティングにおいて，「経営層はA380に関して直面している問題と，どのようにすれば将来的にこのような問題の発生を防げるかを議論した」ということである．言い換えれば，監視が行われておらず，予定どおりにいかない場合の計画も対処の準備もなく，そして学習する真剣な努力もなかったと言えよう．

　監視は，対象とするのが外部であろうと内部であろうと，指標またはトレンドに基づいて行うことができる．指標（これはラテン語のindicōが語源で，指示するという意味である）は，シグナル，サイン，またはシンボルであり，現在の値，大きさ，または何かの方向を表すものである[*4]．トレンドは時間の経過に伴い測定される事象の変化の全体的な傾向であり，たとえばある値が増加しているか減少しているかということである．指標により閾値に達したか否かを判断できるときには，トレンドは現状の変化の進展状況が維持されるなら，（近い）将来に閾値に達しうることを示すことができる．

　監視の結果またはアウトカムは，ある指標の特定の値や傾向だけではなく，その解釈も含む．それは警報（alarm）や警戒（alert）という形をとるが，前者は直接的な行動の要請であり，一方で後者は対処の準備を始めることであるが，対処そのものではない．今日起きている不幸な例としては，脅威のポテンシャルや組織の機能の継続に対して危機的な状況と捉えられる事態の進展に応じて，社会や国家が高い警戒レベルに移行することがあげられる．監視の目的が，ある対処方策を開始（trigger a response）することか，組織の状態をある状態（ホットスタンバイ）から他の状態（動作）へ移行することのどちらかであることは明白である．不幸なことであるが頻繁に生じた例としては，2016年にあった，いくつかのヨーロッパの首都でのテロリストの攻撃や，ジカ熱ウイルスの出現に代表される突然のパンデミックがあげられる．

　他の3つの主なポテンシャル，すなわち「対処する」「学習する」「予見する」

[*4] 訳注：シグナル，サイン，シンボルについて補足する．たとえば，赤信号表示がスキルベースでただちにブレーキング行為を引き出せば，それはシグナル．交通ルールを想起させた結果として停止に至れば，それはサイン．赤信号は危険を「意味する」から車を止めたほうがよいと解釈されれば，それはシンボルとして機能したことになる．この3つの指標の区別は，J. RasmussenによるSkill, Rule, Knowledgeベースの認知行動，すなわちSRKパラダイムを踏まえたものであることを付記する．

ポテンシャルと異なり，監視は，その頻度は変化するにせよ，つねに行われていなければならない。当然ながら，監視が強化され高い警戒レベルとなる特別の条件もある。単純な例としては，噴火の危険がある火山の監視，財政状況が不安定な会社の監視，集中治療室の患者の強化された監視，（出発時間の）期限が迫っているときの時計の監視などがあげられる。これらの例が示すように，監視においては，その頻度や対象とされる指標は，それら両方の場合も含めて変わることがありうる。

　監視には，特別のセンサや機器，技術が必要となる場合がある。物理的，生理的プロセスが関連する場合，とくにそうである。監視は現場でも遠隔でも行われるが，後者の場合はコミュニケーション技術や伝達チャンネルが重要になる。多くの場合，監視は，センサとしての人，あるいは解釈者としての人に依存しており，とくに社会的または組織的なプロセスに焦点が当たっているときにその傾向は強い。その例として，選挙前の世論調査，企業のための顧客調査，そして（公衆トイレですらなされている）身近なあらゆるところでのユーザ満足度評価などがあげられる[*5]。

　監視は当然ながらその焦点を絞らなければならない。監視の目的やターゲット，とくになぜそれを監視するかということが明らかである必要がある。後者はとくに重要である。なぜなら理解や解釈ができない測定値や評価値には価値がなく，しかも，そのような監視は他で有効に使える限られたリソースを消費するからである。監視を実施する方法，つまり監視の頻度，監視の対象（パラメータや値），基準や閾値などは，効果的なまたは少なくとも有効性を持つ監視を実現するためにはいずれも重要である。監視の制御は，通常はキーとなる性能指標（key performance indicator）や安全な運用の閾値に関して学習した教訓に基づいている。

　監視は連続的に行われなくてはならないだけでなく，高い優先度が与えられていなければならない。注意すべき重大な状況が発生したときに監視を中断す

[*5] 訳注：ユーザ満足度評価がデンマークではとくに盛んであるとHollnagelは述べている。医療機関では来院者が診療後に必ずアンケート調査に応じることを求めている。鉄道の自動券売機で切符を購入したら，すぐそばに自動券売機の使い勝手に関するアンケート入力用装置が置いてあることを監訳者は実際に経験した。

ることにはリスクがある．実際には，このような状況においては監視がさらに重要だと考えるべきである．加えて，監視を的確に行うための十分な時間も必要である．あまり役に立たないと見なして，監視の頻度を下げることは度々行われる．次々に測定される値がずっと同じであると，組織によっては監視は無駄であると考え，結果として監視の頻度を下げる可能性がある．この実例としては，2000年1月31日にカリフォルニア沖のアナカパ島の北で太平洋に墜落したアラスカ航空261便の不幸な事例があげられる．事故原因は，飛行中にねじジャッキ機構の頂部ナットねじ山の破損により水平安定機構トリムシステムが故障し，ピッチ制御が失われたことと推定されている．ねじ山の破損は，アラスカ航空におけるジャッキ機構の潤滑油が不十分だったことによる過度の摩耗に起因すると考えられている．この事故につながったと考えられる事項としては次に述べる3つがあげられる．①アラスカ航空による潤滑油を注入する間隔期間の延長とアメリカ連邦航空局（FAA）によるその承認が，結果として潤滑の欠如または不十分な潤滑がねじジャッキ機構のねじ山の過度の摩耗に至る可能性を増大させたこと，同時に②アラスカ航空が軸方向のガタツキのチェック間隔を延ばしたこと，③FAAがその間隔の延長を承認し，結果としてねじジャッキ機構の過度の摩耗を検出する機会を逸し，破損まで進展させてしまったことである．

　監視に関連して生じうるリスクの一つは「先走り」，つまり対処が本当に必要になる前に先行的に対処をしてしまうことである．事象の進展を事前に予見して対処することのメリットは，状況の進展がそれほど大きくなく，わずかな修正で済むことである．これに対して生じうるリスクは，まったく必要とされていないときに対処がなされるか，その対処自体が誤っている場合で，どちらの場合も副作用が生じる．すべてが確かになるまで待つことも，もちろん安全策ではあるが，コスト負担の可能性がある．それとは別に，そのような措置では対処が遅すぎて，より多くの労力がかかってしまうことも考えられる．

指標

　監視に関する議論は指標の議論と分けて考えることはできない。性能指標（performance indicator）を用いることの主目的は，組織やプロセスがどのように機能するかを知る根拠を提示することである。この目的に照らして，3つの性能指標を区別して考えることは合理的である。3つの指標とは，①遅行指標（lagging indicator）：すでに起きたこと，過去の組織の状態に関する指標，②現状指標（current indicator）：現在起こっていること，現在の組織の状況に関する指標，③先行指標（leading indicator）：これから起きうること，将来において可能性のある組織の状態に関する指標である。

- 遅行指標は，過去において監視や他の目的のために登録または収集されたデータを指している。他の目的の場合，収集の時点では指標としての認識や利用はされていない。後日，何が起こったかを知るために事後的に利用される。遅行指標は，歴史的な変化やトレンドの記録を示す総合的なデータを含む場合もある。遅行指標の例としては，事象統計やトレンド記録などがあげられる。遅行指標は外乱発生後に機能を調整する際の理論的根拠としてしばしば用いられている。
- 現状指標は「いま」という瞬間の組織の状態を示す。現状指標の例としては，現在の生産速度（production rate），リソースや貯蔵量のレベル，セクター内の航空機の数，待合室の患者の数，燃料レベル，キャッシュフローなどがあげられる。監視においては，オペレーションを行っている最中にパフォーマンス調整を行うために現状指標を用いる。これはフィードバック（制御）としても知られている。
- 先行指標は，もちろん将来の状態を実際に観測したものではない。そんなことは物理的に不可能である。そうではなく，先行指標は現在および過去の観測結果をもとにして，将来においてどのようなことが起こるかという観点から考察した内容である。この意味で，観測された内容は，情勢や性能指標というよりは，今後の将来に関する兆候として用いられる。先行指標の例としては，利用可能なリソースを統合して得られる解釈，安全上重要なコンポーネントの技術的な状況，利用可能な時間など

があげられる*6。

　先行指標は状況が将来どのように進展しうるかということを表しているので，減らしようのない不確定性が存在する。この不確定性があまりに大きい場合，警告や前兆の報告が行動につながらない場合もある。これに関するよい例は，津波警報と地震警報の違いである。津波警報の場合，指標の妥当性は十分に確立されているので，人々や行政機関は必要な対応策をとる*7。これに対して地震警報の場合，その解釈の自由度はより広く，人々や行政機関は警報を無視する場合もある（それに加えて，対処が不要だった場合に行動を起こしてしまったときのコストが甚大である。その逆もまた真なのだが）。

4.5　学習するポテンシャル

　学習を継子扱いし，前向きに取り組もうとしない組織も多い。しかしながら，学習の有用性は簡単に説明できる。学習が行われない組織においては，対処の内容はあらかじめ規定されたものに限定され，同様に監視の対象はいつも同じ値や条件だけになってしまうからである。いずれの場合も，組織は硬直化し，決まった作業だけを行うため，環境の変化に対する調整を行うことができなくなる。実際，脅威や外乱に関する対応という観点からレジリエンスの定義を考えただけでも，対応を改善できることが必要であると指摘できる。なぜなら，改善ができなければ作業環境の変化による新しいタイプの脅威に対して十分に対応ができなくなるからである。

　より正式に言えば，学習は，組織が新しい知識や能力そしてスキルを修正または獲得する方法と定義することができる。学習は一度に成されるものではなく，逐次的に積み重ねていくものであり，事前の知識によってその方向性が決まる。それゆえ，学習は受動的な事実や知識の集積というよりは，動的な発達

---

*6 訳注：先行指標とは，たとえば台風の進路予想のようなものである。先行という言いかたはしているが，その指標を構成する測定は，現在または過去を踏まえてのものである。

*7 訳注：ここで言及されている津波警報は，実際の津波が発生源近傍で観測された後に発表されるものを想定していると思われる。それゆえ無視されないということであろう。基本的には近地津波ではなく遠地津波の警報を指すものと推測される。

のプロセスとして捉えられるべきである。学習は，一人の人間個人，社会的グループ，そして組織として必要なものであり，学習するポテンシャルはレジリエントな能力を実現するためには決定的に重要である。

対処するポテンシャルと監視するポテンシャルは，いずれも作業環境が完全に定常で完全に予測可能であるというまれなケースを除いて，学習するポテンシャルに依存している。経験を通じて効率的でシステマティックな学習をするには，注意深い計画と十分なリソースが必要である。学習の効率は，どの事象や経験の集合を考慮するか，そしてそれらの集合をどのように解析し理解するかという，学習の基礎に依存している。

経験からの学習に関しては，容易に学べることと，学ぶことに意味のあることの区別が重要である。安全，もっと正確に言えばSafety-Iにおける安全のレベルは，多くの場合，望ましくない事象の発生数や発生頻度で表される。しかし広範囲に事故統計を集めることは，実際に誰かが何かを学習することを意味しない。ある事象がどのような頻度で発生するかを数えることも学習ではない。たとえば，何件の事故が発生しているかを知ることは，その事故の発生した理由や発生しなかった状況については何も示してくれない。その事象が発生した理由，そして発生しなかった理由を理解しなければ，それがSafety-Iであろうが Safety-II であろうが，安全を向上させる効率的な方法を提案することにはまったくつながらない。

安全マネジメントの実践においては伝統的に，望ましくない事象（事故やインシデント）から学ぶことに重きが置かれている。これらの事象は注意を引きやすいことと，懸念の原因であることがその理由である。この考えかたからのロジックに基づいて，事象が深刻であればあるほど，そこからより重要なことを学ぶことができ，そしてより多くのことを学ぶことができると仮定されてきた。この仮定が誤ったものであり，それは事実より感情や固有の価値観に基づいていることは，容易に示すことができる。この仮定は，事象の重大性と頻度の間に明らかに逆相関があり，重大事象（重大事故や災害）は極めてまれであるという事実を見逃していると思われる。それゆえ，この仮定に従ってしまうと，学習する機会はほとんどないことになる（第1章のスナップショットの議論を参照）。学習がその基盤を，小規模な事故やニアミスだけでなく，事故に

はまったく分類されない事象からも構成されるように広げることが望ましいのは明らかである。ニアミスも含めてうまくいっていることの数は，うまくいかなかったことの数と比べて何桁も多いので，結果の重大性に鑑みて懸念を引き起こす事象よりも，頻度という観点から代表性を有するといえる事象から学習するほうがより意味がある。

　日常的な作業や活動において頻繁に発生する事象に焦点を当てるのであれば，学習は一つの重大な事象に対する対応というよりは，連続的に行われるものでなければならない。優れた「学習文化」を持つ組織においては，全員が学習モードを取り入れ，それを毎日の作業の一つとして自然に受け入れている。優れた「学習文化」は，特定の事象を対象にした分析というよりも，日々の良好な（悪かった）実践を見つけだし，その結果から吸収できることを少しでも吸収していくことに基づいている。つまり深さ優先というよりも広さ優先に基づく学習である。

サドルバック死亡事故からの学習レビュー

　事故やインシデントの調査やレビューは，通常は Safety-I の観点に鑑み，何が悪かったのかを理解することを目的としている。実際，事象のレビューのすべてではないとしても，ほとんどはうまくいかなかったアウトカムに動機づけられており，うまくいったことから学習できることがもっと多数ありうるにもかかわらず，うまくいかなかったと見なされる事象に対象が限られてしまう。しかしながら，サドルバック死亡事故からの学習レビュー[*8] はそれとは違っており，失敗の原因を単に同定することではなく，むしろ学習することの重要性に重きが置かれている。

　2013 年 6 月 10 日，カリフォルニア州のマドック国立森林公園の南ワーナー原野で落雷により発火した木の周りに，3 人の消防士が防火帯をつくろうとしていた。17:00 頃，木の大枝が落下して 1 人の消防士を直撃した。他の 2 人の消防士は彼に対して心肺蘇生措置（cardiopulmonary resuscitation：CPR）を開

[*8] 訳注：米国 Department of Agriculture, Forest Service のメンバーがまとめた "Saddleback Fire Field Learning Review" のことを指すと思われる。

始し，あわせて緊急搬送を要請した。55分の飛行距離に位置した基地にいたヘリコプターが 18:19 頃，事故のあった場所に着陸した。怪我をした消防士は最も近い病院に運ばれ，蘇生のためのあらゆる努力が行われたが，助からなかった。

　この学習レビューの興味深いところは，意図的に従来の事故報告書にあるような結論を出すことを避けている点である。その代わりにレビューでは，「サドルバックにいた関係者が行った意思決定や行動が，関係した人々にとってどうして合理的と考えられたのかについて読者自分が決定すること」を可能にする情報を与えることで，読者が「自由に探索し，質問し，そして学習することを支援すること」を試みたのである。そのようなやりかたではあったが，ある結論が示されている。ただし，それらは従来のように，原因や行動形成因子の長々とした繰り返しとは異なっている。8 つの消防士グループに対するフォーカスグループインタビューを通じて，学習レビューチームは，この事象は日常的と見なされる要素（条件，意思決定，そして行動）で構成されており，それゆえ今回の事案も普通の作業での出来事であったと見なされると結論づけている。この事象の特殊性は，条件の数や多様性に由来しているのではなく，それらが予想されない形でたまたま結びついたことに由来しているのである[*9]。

パターン検知の失敗

　2014 年 2 月 6 日，ゼネラルモーターズ（GM）は 80 万台の小型車をリコールした。原因はイグニッションスイッチの不具合で走行中にエンジンが停止し，それによりエアバッグが動作しなくなるという事象であった。また，対象となる車は，ハイウエーを高速で走行中，交通量の多い都市部を走行中，道路や踏切を走行中などに停止を起こすこともあった。GM は何か月にもわたりリコールを続け，最終的には世界中で 3000 万台近くの車をリコールすることになった。

[*9] 訳注：事故は起きたが，何かの過誤が原因ではなく，日常的な要素がたまたま予想されない形で結びついたためであるという結論は，成功と失敗は同じプロセスの表裏だという Safety-II の考えかたに整合したものである。

GM の学習が遅かったこと，または報告の重大性の認識が遅かったことは明らかであるが，この事例はより興味深く，ある意味，学習の重大な失敗の明らかな例となっている。米国における交通安全は，連邦安全規制部門，すなわち米国運輸省道路交通安全局（NHTSA）により監督されている。NHTSA の公式のミッションは，「命を守り，負傷者を減らし，車の事故を減らす」ことである。2003 年 2 月以降，NHTSA には GM 車に関して平均して月 2 件，合計すると 260 件以上の潜在的に危険性の高いエンジン停止についてのクレームが寄せられていたが，規制側はクレームを寄せた人たちに対して，強制的な安全調査を開始するには十分な証拠がないと繰り返し答えるに留まっていた。どういうわけか，NHTSA は多くのクレームのなかの特定パターンを見いだすことができず，結果として学習することができなかった。より正確には，NHTSA はデータのなかの，ある既知のパターンを認識することに失敗したのだと言えよう。つまり古典的な「（意識的に）探しているものだけが見つけられる（WYLFIWYF）」の例である[*10]。学習には，既知のことを認識する以上の能力が必要であることは明らかであろう。

　この GM の事例において，この不具合はリコールの開始される少なくとも 10 年以上前から社内では知られていたことが明らかになっている。しかし，そのリコールはと言えば，事故で亡くなった女性の家族の代理人である弁護士が GM を強硬に訴えたことがきっかけとなり，やっと実施されたのであった。3000 万台のリコールに加えて，GM は 124 人の事故による死者の補償金を払うことになった。

[*10] 訳注：既知のパターンであってもそれをはっきり意識して探さないと見つけることはできない，ということを WYLFIWYF（What You Look For Is What You Find）原則は意味している。

4.6 学習するポテンシャルの特徴

　学習の本質的な基盤は，成功したもの[*11]と失敗したもの[*12]の双方から構成される対応事例である。もう一つの重要な学習の源泉は，組織としての経験，すなわち組織がこれまでの歴史のなかでどのようにして発展してきたか，どのようにうまく振る舞ったか，などの経験である。学習の第一の焦点は，もちろん介入行為（対処）とそのアウトカムの関係であるが，より正確に言えばどの手段（mean）がどの目標（end）に対して有効であったかということである。ここで重要な論点は，対処（response）に対する結果（consequence）がどのくらいすぐに得られると期待できるかである。対処に引き続きすぐに結果が得られる場合もあるが，手順や取り組み姿勢（attitude）の変更のように，長い時間を要する場合もあろう。もう一つの論点は，介入行為に対して，アウトカムがどの程度密接にまたは直接的に関係しているかという点である。ある場合は必要な原因–結果関係がある（または最低限推定される）としても，他の場合ではこの関係のつながりがより不確実で，偶発的であることさえありうる。さらに，学習のアウトプット，すなわち「学習された教訓」はさまざまな形で表現され，多くの異なる活動として具現化される。これらは，装置や道具の見直し，手順の更新，シフトや役割分担の変更，再訓練，目標や優先順位の変更，指標や測定値の見直し，組織文化の変更のための英断などのような幅広い形態をとりうる。

　学習するために必要なものがいくつかある。第一に，能力のあるスタッフが必要であり，その能力にはリーダーシップ能力が含まれる。なぜなら学習は依然として基本的に人間の活動（見通せる未来においてもそうであり続ける活動）だからである。学習においては，データや情報を収集し，それを解析して結論を出し，得られた教訓を最も有効に実践に結びつける方策を決める必要がある。また学習にはある種のツールが必要であり，とくにある種のITツール

　[*11] 訳注：ここでいう成功とは，大過なく（首尾よく）いった平素の業務といったものを主に指しており，想定外の異常事態を静定させたというような奇跡に近い大成功を意味しているものではない。

　[*12] 訳注：ここでいう失敗とは，不首尾に終わっただけではなく，結果的にはうまくいったが反省点が多いといったようなものも含まれると思われる。

は重要である。そしてもちろん時間と資金が必要であり，言い換えれば，学習は組織によって高い優先順位を与えられなければならない。

　もう一つの重要な論点として，学習がどのようになされ，どのようにコントロールされるかという課題がある。これは組織が学習をどの程度重要と捉えているかという本質的な問題を反映している。学習が日々のルーチン的な活動に組み込まれて連続的に行われているのか，それとも避ける余地のない明らかな必要性に迫られて行われるのか（通常は重大災害が発生したことを意味する）。学習がどのように行われるかということは，学習に対する総体的な戦略があるかどうか，必要とされる組織の支援があるかどうかという問題でもある。

　最後に学習は，それ自体が時間を必要とするという意味で，時間に大きく依存している。経験した事例を解析して適切な結論を引き出すことは，学習の第1段階に過ぎない。経験をまとめるだけでは何も学習されない。経験はどうにかして実践につなげなければならないし，組織に対して適切な変革が加えられ，それがうまくいくための確かな方法が見つけられなければならない。

　時間に関するもう一つの論点として，対応策が効果をあげる時間が経過し，その結果が明らかになって初めて学習が行われるという点があげられる。時間と持続期間に関しては非常に大きな幅がある。ある変化（対処策）に対しては，ほぼすぐに効果（たとえば機器の変更など）が起きる可能性もあるし，一方で効果が明らかになるまでに長い時間がかかる場合もある。これには変更自体に時間がかかる場合や，類似の事象の発生を待つ必要がある場合がある。

　最悪のケースとして，組織が何も学ばないということもありうる。これは，組織の第一の関心事が短期的な生産性や効率をあげることに置かれ，それが「直して忘れる」（fix-and-forget）戦術を奨励することになっている場合である。人々が問題に直面した場合，直ちに直して忘れてしまうのか，すぐに直して報告するのか，直して報告しそこから学習するのか…。直して忘れてしまうのは，時間的に切迫した問題をすぐに片づける近視眼的な解決策であり，たとえば生産性や到達性（accessibility）を上げることへの強い外的なプレッシャーがある場合がそれにあたる。時間の捉えかたがもう少し長く，アプローチが機会主義的（opportunistic）というよりは戦術的（tactical）な場合には，「直して報告する」というもう一つの解決策がある。「直して報告する」というやりか

たは，言外にその報告に対して誰かが注意を払ってそこから学習するかもしれないということを意味している。この期待はつねに現実になるとは限らず，もしも学習が行われたとしても，その内容は実際に何かが起こった現実の状況からはかけ離れたものになる。最良の解決策は，直して報告し学習することである。このアプローチだけが予防的な安全の考えかたと合致するのである。

学習の前提条件

　より理論的・学術的な観点から見れば，学習をするためには3つの条件が満たされなければならない。第1の条件は，学習の機会がなければならないということである。この意味するところは，実際の状況またはある行為に対するアウトカムが，期待される状況やアウトカムと大きく異なっているのであれば，その理由が何であるかを理解しなければならないという認識が必要であるということである。当然のことながら，これはアウトカムが重大な（規模が大きい）場合や，価値がネガティブ（望ましくない結果）な場合である。しかしながら，ある事象が高い頻度で発生し，そのアウトカムは受容可能な場合もまた，それが日々の作業の特性に関して何かを意味しているはずなので，学習の機会に含まれるべきである。日々の実践を通じて学習を行う閾値は迅速に確立されるが，その閾値は高すぎる場合が多い。言い換えれば，組織または個人は，現在のパフォーマンスが受容できない結果となっているときには，学習の機会を認識するか，学習を強制されるようになっていなければならない[13]。

　2つ目の条件は，学習の必要性が認識される状況の間には，ある程度の類似性がなければならないということである。この理由の説明は明快である。もしもそれぞれの状況が異なっており類似していない場合は，学習は状況毎に固有のものとならざるをえず，これは他の異なる状況への学習（および知識や能力）の転移が不可能であることを意味する。すべての状況は特有（unique）で，得られるすべての教訓も特有（unique）ということになる。しかし現実には，作業環境や事象の原因論（aetiology）にはつねに何らかの共通性が存在する。状

---

[13] 訳注：そのような状態になっていても学習を始めない組織が多い。

況間の類似性を見つけて，それに対して一般的（generic）に適用可能で価値のあることを学習することは，より容易であり望ましいことである。類似性は現実に存在するというよりも知覚や解釈に依存することは否めないが，それでも類似性が存在することは学習を行うための条件である。すべての状況が特有であるような環境においては，組織の存続は不可能である。

　学習を行うための3番目の条件は，何かが学習されたことを検証し確認するための機会がなければならないということである。学習は行動やパフォーマンスの変化が本質的なものであり，単なる知識の変更ではない。我々は何かを学んだと感じ，他の人たちは何かを学んだと主張するかもしれないが，それがパフォーマンスの変化として現れない限り，仮定の段階に留まっている。学習による変化が目に見えて明らかになるためには，同一または十分に類似した条件が再び起こらなければならない。興味深いことに，この第3の条件は，重大な事故や災害から学習したことを証明することが，非常に困難であることを意味している。学習する努力を通じて，組織や作業方法（手順，機器，タスク，責任分担）の変化が結果として現れるかもしれない。新たな手順を導入することはある意味で学習が行われたことのエビデンスと言えるかもしれないが，この新しい手順を用いる必要があるような状況が発生しない限り，何らかの学習が行われたと十分な根拠を持って主張することはできないのである*14。

　学習が成立する3つの条件と前提を図示すると図4.1のようになる。X軸は状況や事象の類似性を表し，Y軸は発生の頻度を表している。日常的に発生する事象は相互の類似性が最も高く，最も頻繁に発生する。この対極に位置するのが事故のような重大事象であり，相互の類似性は低く，同様の事象の姿としてはまれにしか発生しない（なぜなら我々は事故が起こらないように対策を講じているからであり，一方で毎日の事象が滞りなく行われるようにしているからである）。図4.1が示すように，「結論」としては，事故からよりも毎日のイベントから多くのことを学ぶことができるということである。もちろんこれはSafety-IIの考えかたと整合している。

---

*14 訳注：たとえば東日本大震災後，日本の各原子力発電所で広く行われている東京電力福島第一原子力発電所事故経験からの学習努力に関して言えば，その学習が本当に有効であるのか，そのものを確認する機会はきわめてまれなのである。

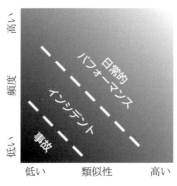

図 4.1　学習のための要件

学習の失敗

　学習が必須であることは明らかであるが，いくつかの研究では，組織は時に学習しないだけでなく，故意にそうしない場合があることが示されている。もっと正確に言えば，組織において指導的な立場にいて，学習に関して責任のある（または学習をコントロールする力がある）人たちが学習を行わないことが度々ある（Baumard and Starbuck, 2005）。これには多くの異なる理由があるが，より共通性の高い理由を以下に示す。

- 学習するということはその時点で，または概して不都合なことになる。なぜなら他の重要事項，とくに生産性と相容れないと見られてしまうからである。
- 学習は素晴らしいが，時間もお金もかかる。これはコストと努力の問題である。
- 学習は，組織が現時点で不十分であるという印象を与えるかもしれないという意味でリスクを伴う。学習は自分の組織の弱さと不完全性を認めることである。
- 学習はある種の脅威であって，とくに自分の（またはリーダーの）地位を脅かすものである。学習は権力闘争の相手から弱点として利用され，

当方の守りを破る一撃として利用される可能性がある。
- 学習は耳障りなものである。それまでのその人やその組織の価値に反することになるのである。

4.7 予見するポテンシャル

　監視が組織にとって本質的に重要であることは議論の余地はないであろう。組織は，作業環境と組織自体のなかで何が起きているかに注意を払い，その意味を理解（make sense）しなければならない。それを怠れば，組織は長期間にわたり効率的に機能することはできない。しかしながら，組織がさらに先の未来に関して，組織の存続を強化するまたは弱体化する可能性のある事象，状況，脅威，好機について考えることも重要であるということは，意外にも当然とは認識されていないようである。

　監視（monitoring）は，事象の地平線（event horizon）内，現在の作業や行動の範囲内を注視することである[*15]。監視は存在するものや変化を見ることであり，それが知覚または測定可能であること，つまりとにかく気づくことはできるという前提である。監視とは，何かを見張り，観察すること，または対応や行動が必要になる方向に変化が進んでいるかどうかを確認するためにチェックを行うことである。しかるに予見（anticipation）することは，事象の地平線を越えてその先を「見つめる」ことであり，その対象ははるか未来のことであったり，組織の最も重要な活動に関して直接の関連や影響がないことであったりする。監視は何かを実際に見ることであるが，予見はどちらかというと何かを考えたり想像したりすることである。

　このような予見的な思考は，個人やグループや組織，そして大規模，小規模を問わず社会にとって基本的なことである。将来，脅威または好機として起きるかもしれないことに対して準備をしておくことは，いつも必要である。組織

[*15] 訳注：事象の地平線（event horizon）は，物理学，相対性理論の概念では，情報伝達の境界面であり，事象の地平面と呼ばれることもある。本書では，地球上で視力に優れた人が視認できる限界が地平線であることのアナロジーとして，直面する事象について人間が見通すことのできる限界を，事象の地平線と訳している。

は現在や過去の状況を理解しなければならないのと同様に，将来についても理解しなければならない．Norbert Wiener（1954）から引用すれば，「現在は過去とは似ていないし，未来は現在とは似ていない」．未来は不確実であるが，その不確実性を可能な限り減らそうとすることは，人間にとって，ひいては組織にとって深く根付いている本質的特性なのである．人間は多くの方法で不確実性に対峙する．たとえば，運命論的に考える，悲観的に諦める，つねに楽観的に考える，決定論的に考えるなどである．これらすべては心の平静を得て乗り越える助けにはなるかもしれないが，どれも予見するポテンシャルに対する直接的な効果はまったくない．

　組織が未来を見通し，予見に表面的に類似したことを行うには，他に2つの方法がある．第1の方法は，組織の行動の指針となる計画を立てることである．計画の本質は，行動を起こす前にその詳細を考えて準備することにある．それゆえ計画は必然的に具体的で現実的な内容に関係するが，一方で予見は仮説的で潜在的可能性を持つ内容に関係する．計画することと予見することのもう一つの重要な違いを言うと，計画することは同期的（synchronous）であり，予見することは非同期的（asynchronous）である．計画することが同期的であるというのは，それが現在行っている行動の一部であり，組織にとって行動するために必ず必要なことであるためである．計画することに関しては，戦術的にちょっと先の未来を対象にする場合と，戦略的にずっと先の未来を対象にする場合があるが，その主要な目的は現在の行動と現在の状況に基づいて将来の行動の準備をすることである．予見することの目的は，現在の行動を支援することではなく，代替になるシナリオを想像し，まったく異なる状況において可能性として何ができるかを考えることである．

　未来を見通すもう一つの行動はリスク評価（リスクアセスメント）である[16]．リスク評価の目的は，業務遂行を妨げ，人命，物資，リソースの受け入れがたい損失につながるという意味で組織に脅威となる状況や事象を，前もって特定することである．リスク評価は，扱える（tractable）組織やシステムに対して

---

[16] 訳注：risk assessment は本来，リスクアセスメントと翻訳されるべきかもしれない．しかし日本では確率論的リスク評価という用語が広く用いられていることもあり，ここではリスク評価と訳した．

は有用である．これが意味するのは，仕組みの基本原理が既知である，つまり対象記述に含まれる詳細事項が多すぎず，相対的に早い時期に作成することができ，組織とその作業環境が安定で対象記述が長期間にわたり有効であるということである．残念ながら多くの現代における組織はこれらの条件に合致せず，扱えない（intractable）特性を有している．このような組織においては，仕組みの基本原理は部分的にしか明らかではなく，対象記述には詳細事項が多すぎ，作成するには長い時間がかかる．さらに，組織自体やその作業環境は急速に変化し続けるため，対象記述は頻繁に更新されなければならない（極端なケースでは，対象記述が作成されるよりも早く組織自体が変化するかもしれない．それゆえ対象記述はつねに不完全であり，結果として組織の記述は不十分なままとなる）．このようなケースでは，従来のリスク評価の手法は，まったく不適当というわけではないとしても，十分には機能しない．リスク評価は，組織の機能について利用できる記述の範囲に限定されるという点が，予見することとは異なっている．対象記述は系統的に分析・評価されるが，予見することとは異なり，リスク評価は系統的評価の範囲を超えて現在直接は関係していない代替案を考えることはできない．もう一つの相違点は，リスク評価は失敗するかもしれないこと，うまくいかないことに焦点を当てている点である．脅威を見いだすことと同様に将来の好機を見いだすことは重要であると考えられるべきであるのに，これを見いだすための方法は存在していない[*17]．

予見と将来のモデル

予見は，将来何が起こるか，起きうるかということに対する期待（見込み）であるので，我々自身が将来についてどう考えるかに大きく依存しているし，現在と過去をどのように考えるかにも必然的に関係している．より具体的に

[*17] 訳注：確率論的リスク評価（probabilistic risk assessment：PRA）の手法を用いると，システムの失敗（たとえば事故）を起こすメカニズムを分析して，その失敗を起こすために故障を起こすことが必要なコンポーネントの組み合わせ（カットセット）を見いだすことができるし，その失敗が起きないために健全性を保っていることが必要なコンポーネントの組み合わせ（パスセット）を見いだすこともできる．しかし，パスセットが示すのはシステム失敗回避の方策であって，好機活用とは内容が異なる．

は，我々が物事がどのように起こるかに関して持っている想定に依存する。実際には，いくつかの典型的な見かたやモデルに分類することができる。

- 予見の最も単純な方式は，類似性と頻度に関係した認識に依存している。これは「機械論的」な見かたに対応し，将来は過去の繰り返し，つまり「鏡像」と捉える。言い換えれば，もし現在の状況が，類似性と頻度のいずれかに基づいて過去に経験したものと一致したら，それは将来においても同じように起こると想定する。
- もう少し手の込んだ方式は外挿によるものであり，未知の将来を，具体的には簡単にわかるトレンドや傾向（それが現実のものであろうと見せかけのものであろうと）に基づいて，既知の過去から推測する。この考えかたは将来を過去の事象や状況が（再び）組み合わさったものとして記述できるという「確率的」な見かたに対応する。
- 予見することの最終的な形態は，過去と現在を理解し，事象発生の根底にある推測された原理に基づいて，可能性のある将来の状況を熟考し解釈することである。この考えかたは「現実的」な見かたに対応し，未来は以前には経験されていないということを認めるものである。予見することは既知のことの組み合わせに基づくかもしれないが，多くの場合，過去に重要ではないと見なされた多様性や調整を含む。

地球温暖化はとくに優れた事例であるが，一方であまり劇的でない事例は容易に見いだすことができる。

安価な旅行（フランス国鉄）

もしもフランス国鉄（SNCF）のような鉄道会社が，格安キャンペーンで，銀行休業日の休暇から帰ってくる人たちに合わせて，非常に安いチケット（1ユーロ）を売り出すとしたら，どのようなことが起こるであろうか？ このような質問に対して，乗客数の増加が起きるという答えは驚くに当たらないし，もちろんそれが当初の目論見であった。しかし，さらに興味深いのは，この乗客数の増大が日々の業務にどのような影響を与えるかということである。

この疑問の発端となったのは，駅に到着する際に間違った待機線にローカル特急列車が進入してしまったために起こった脱線事故である。この脱線事故が発生する一つの要因となったのは，待機線を正しい位置にセットする責任があった信号担当者であるが，彼は同時に切符の販売も担当していた。切符販売所に待っている人がいたので，時間を節約するために，手順書に従った待機線の設定を行わなかった。例外的な忙しさに加えて，信号担当者は，交代要員が来なかったので続けてのシフト勤務を行っていた。状況を複雑にする他の要因があることは珍しいことではない。ここで興味深いのは，切符の価格を下げることが乗客の増加につながり，それがスタッフの仕事量の増加につながること，とくに切符販売と信号の両方を担当している一人の社員の負荷の増加につながることを会社側が予見できなかった点である。意図した目的，つまり乗客数の増加だけに焦点が絞られてしまい，他の可能性のある事態を考慮できなかったのである。
（この事例を使わせてくれたフランス国鉄の Christian Neveu, Chef du Pôle Facteurs Organisationnels et Humains に感謝する）

クローン肉（米国）

　2008 年 1 月 15 日，米国食品医薬品局（FDA）はクローン動物から得られる食物は安全であると宣言した。これにより，4 年間にわたりクローンによる食品を一般小売店で売るための認可を求めてきた生産者にとっての障害はなくなった。もともと FDA は暫定的にクローン動物から得られる食品は安全であると宣言していたが，予想どおり消費者グループ側から，また懸念する科学者側からも批判を浴びていた。2008 年 1 月，FDA は研究が進んだ結果，この当初の決定が裏付けられたと正式に表明した。
　この FDA の決定が正しいか否の議論は別として，FDA の食品安全責任者がレポーターに次のようなコメントをしていることは興味深い。「クローンから得られる食品が安全でないということを示す理論が発見されるという事態は想像を超えている」。おそらく食品安全責任者は正しかったのかもしれないが，

この例は予見能力の欠如と想像力の不足を示していることにもなろう*18。

4.8 予見するポテンシャルの特徴

　予見することの基盤は，現在の状況や瞬間を越えて考えることが必要であると認識することにある。それは，未来は不確実であるので，どのような準備が必要であるかを認識することである。つまり準備することの必要性を受け入れることである。

　しかしながら，予見は何かに基づいていなければならない。予見は，組織がどのようになるべきか，未来のある時点でどのような位置にいるべきかというビジョン（理念）に関係しているが，ビジョン（理念）だけでは十分とは言えない。企業理念は予見を導きコントロールすることに寄与するかもしれないが，企業理念それ自体は予見ではない。企業理念はどちらかといえば計画的な言明であり，実現可能な世界のなかでの自己実現的な予言となる。

　予見のアウトプット，すなわち予見が生み出すものは，潜在的焦点の当てかた，重大な懸念，そして優先されるべき領域などである。予見のアウトプットが表現することは，組織の未来の発展やその状況が，組織の存在やパフォーマンスにどのように影響を及ぼしうるかという組織の考えである。これを得るには，探求や（焦点を絞った）探索，または特定の能力やリソースが必要となる。だから予見を連続的に実行することは困難なのであり（ただし，つねに警戒する感覚を持つということを除いて），代わりに必要と思われたときにのみ実行される。予見を実行する前提条件は，多少なりともはっきりした警戒する感覚であり，状況がもはや安定，予想可能，確実でないという感覚である。警戒する感覚は，組織が行うことと直接関係せず，正式に認められるような因果の道筋がないにもかかわらず何かしらの関係があると思われるものがきっかけとなり生じるのである。脇の甘い組織は，予見することを必要とは考えない。なぜ

---

*18 訳注：食品安全責任者は「クローン肉は安全だ」と言い切れば，あいまいさはない。しかし，専門家はそのような断定的な言いかたを避ける傾向がある。だが，上記の表現は，安全宣言ではなく，自分の予見能力の欠如または想像力の不足と受け取られても論理的にはしかたないことになる。

なら，自分の組織は限定された数の外的事象以外の事象とは隔絶していると考えるからである。この例としては2010年から2015年のFIFA（国際サッカー連盟）があげられる。その時期，組織は周りで起こっていることは組織に対してまったく影響を及ぼさないと考えていた。また，2016年の予備選挙が始まる前の米国の共和党である。レジリエントな組織は，たとえ明示的に物事がどのようにうまくいくかを説明できないとしても，そのような隔絶がありえないということを理解しているから予見するのである。

予見は科学というよりもアートであり，必要な想像力（requisite imagination）（Westrum, 1993）と密接にかかわっている。それゆえ，成功裏に実現させるための特定のリソースを定義することは困難であり，シンクタンクと呼ばれるものの他に，発生する可能性のある事象を推測するために，自由に振る舞うことができ，リソースを持つ（内部，あるいは外部の）人々のグループが必要である。このような人々は任務の性質から通常の組織的な（そして認知的な）制約を受けないし，少なくとも予見に携わっているときは制約を受けない。最も重要なソースは間違いなく時間である。予見の進むスピードは未知であり，開始時点と終了時点も予測不可能である。将来について考えることを求められることもありうるが，いつまでに結果を出せという厳密な締め切りが定められるなら（それは企業理念という観点からも），良くない兆候である。

予見することは制約を受けるべきではない一方で，コントロールされないというのも望ましくない。予見することは当然生産的でなければならないし，ある意味コントロールされ指針が与えられるか，最低限ときどき内容はチェックされなければならない。チェックと指針を与えるための一つの方策は，企業戦略から導かれる脅威や好機だけでなく，よく知られた脅威や好機を参考にすることである。もう一つのコントロールの方法は企業理念であり，これは企業が今後何年かの間にこうなるべきという姿である（最も不幸な例は，ベーカー報告書で掲げられたBPの理念「安全における世界のリーダーとなる」である[*19]。これに関しては第5章で述べる）。

[*19] 訳注：British Petroleum（BP）社は2005年3月に同社のテキサスシティ製油所で爆発事故を起こし，15名が死亡，170名以上が負傷した。ベーカー報告書の期待に反して同社は2010年4月，メキシコ湾沖合で最大の原油流出事故を起こしている。

4.9　予見するポテンシャルの関連事項

　予見することに関するジレンマは，問題のどの側面が無視でき，どの側面を重視すべきかが確実にはわからないことである．文献ではこの問題は探索-活用の次元として取り上げられている（March, 1991）[*20]．探索は次のような言葉で表現されるものを含んでいる．それらは変動，リスクテイク，実験，遊び，柔軟性，発見，そしてイノベーションである．活用は，改善，選好，生産，効率，選択，実装，実行などを含む．活用よりも探索を主に行う組織は，そこからのメリットを多く享受することなく，実験を行うことによる費用が掛かってしまう可能性が高い．このような組織においては，未熟な新しいアイデアが数多く出るが，実力が向上することはほとんどない．これとは逆に，探索を行わず活用を主に行う組織は，局所平衡の準最適なところにはまってしまう可能性が高い．結果として言えることは，探索と活用の適切なバランスを維持することが，組織の生き残りと成功のための最も重要な要素である．

　予見することに対して，組織の信念の硬直性，気を逸らさせるおとり効果（decoy phenomena），外部の不満の無視，多重の情報処理の難しさ，外部からの侵入者によるハザードの悪化，発生している危険性を最小化するために規制や傾向と折り合いをつけることに失敗すること，などが妨げになる．解決策はオープンマインドを維持することであるが，そう言うことは簡単でも，実行することは難しい．組織にとって，外部の人よりも自分たちのほうが自らが現在直面しているハザードに関してよく理解していると考えるのは危険である．

4.10　他のポテンシャルはあるのか？

　4つのポテンシャルが提示された時点で，すぐに2つの疑問が心に浮かぶ．第1の疑問は，なぜポテンシャルの数が3つや5つという他の数ではなく4つなのかということである．第2の疑問は，なぜこの4つが対処，監視，学習，そして予見することであり，他のポテンシャルではないのかということで

[*20] 訳注：ここでは，exploration-exploitation dimension という原語を「探索-活用の次元」と訳したが，「探索-搾取の次元」と訳している文献もあることに留意されたい．

ある。この2つの質問については比較的容易に答えることができる。

　4つのポテンシャルが存在する理由は，理論的・演繹的というよりは，実務からのものである。ここで提唱している4つのポテンシャルは，さまざまな事象の記述や分析のなかに容易に見いだすことができ，この4つは総体として十分であり冗長ではない。想定された条件と同様に想定されない状況においても要求される機能を発揮できる場合，組織のパフォーマンスはレジリエントである，という定義に結びつけて考えれば，これら4つのうち一つでも欠くことはできないのは明白である。

　対処することができない組織は，おそらく短い期間で，そして長期的に見れば確実に失敗する。運用環境がまったく変わらないならば，対処は過去のいつも同じ対処の集合からの単なる選択になってしまい，それはその集合内の対処のレパートリーの数がいくら多くても同じことである。しかし対処は時間と共に発展していかなければならず，それは組織が学ぶ能力を持っていなければならないことを意味している。実際上，新しい技能，知識を獲得し，すでにあるものを改善する能力は，現実的には学習の定義そのものである。しかしながら，対処することは監視することにより支えられなければ有効にはなりえない。監視することがなければ，組織は可能性のある対処のすべてをつねに動作可能にしておかなければならない。現実的にはこれは明らかに不可能であり，経済的，生産性的視点からも合理的ではない。監視することも対処することと同じように経験に基づいて調整される必要があり，それは学習に基づいていなければならない。対処する，監視する，そして学習するという3つのポテンシャルは協調して，組織がかなりの時間にわたり状況を切り抜けることを可能にする。組織のパフォーマンスが，（Safety-I的な意味での）安全であることの基準と，同時に効率的であることの基準も満たすとしても，現在の状況の先に起こりうることに対して準備ができていなければ，この組織はレジリエントである基準には合致しない。過去を分析するのと同じように，将来を想像することが必要である。将来を想像するために，組織は予見するポテンシャルを必要としている。将来起こるかもしれない何かに対して準備ができることは，それがこれまで起きておらず，今後も起こらないかもしれないとしても，明白な「進化」的利点がある。もしも運用環境が安定していて新しい進展やサプライ

ズが起きる可能性が低ければ，予見することは有用ではあっても必要ではないかもしれない。しかし，もしも運用環境が組織の存続期間中に変化するならば，予見することは明らかに必要である。時間的に短い先の将来について考えることは，生産的でないしコスト的にも見合わないかもしれないが，長い目で見た場合はそうではない。George Santayana が指摘したように，過去を記憶できない人は同じことを繰り返す運命にある。そして過去から学ばない（そして予見をしない）人は将来同じ失敗を繰り返すことになる。

4つのポテンシャルが必要であることを認めた上で，これら4つで十分なのか，5番目，6番目のポテンシャルは存在しないのかを議論することができる。明らかに，計画すること（plan），コミュニケーションすること（communicate），そして適応すること（adapt）の3つがその候補である[*21]。

周知のように，計画することは行動の構造を決めることであるから，組織が機能するためには計画は必要である（Miller, Galanter and Pribram, 1960）。しかしながら，計画はレジリエントなパフォーマンスだけでなく，すべての種類のパフォーマンスに適用されるものであり，短期的（戦術的）であろうと長期的（戦略的）であろうと，組織が行うすべてのことに適用される。計画はレジリエントなパフォーマンスのためというよりは，むしろ組織の存在そのもののために必要とされるのである。

コミュニケーションはすべての組織とシステムにおいて根源的な意味で必要とされる。コミュニケーションは，情報を伝達する能力であり，組織の内部と外部で起こっていることに関する情報を受け取り，制御を実行するための情報を送り出す両方の能力である。それゆえ，コミュニケーションは対処，監視，学習，そしておそらく予見にも必要と考えることができる。しかし，コミュニケーションできるポテンシャルは，たとえば対処することがレジリエントなパフォーマンスの実現に対して寄与するのと同じように直接的に寄与するわけではない。組織においてさまざまな機能を連携させるために明快なコミュニケーションが必要であるが，計画することと同様に，コミュニケーションはレジリ

[*21] 訳注：組織がレジリエントであるための必要条件候補としてこれらをあげていることは，やや唐突に感じられるかもしれないが，以下にその理由が示されている。

エントなパフォーマンスを実現するためというよりは，組織の存在そのもののために必要とされるのである。

　3番目の候補は適応すること（adaptation）である。適応する能力が組織にとって重要であることは言うまでもなく，さらに複雑適応システムについて語ることが最近の流行（de rigueur）ともなっている。しかし，適応は基盤的というよりも複合的ポテンシャルである。適応性の高いシステムは自分自身を調整し改善することができ，さらに経験に基づいて機能のしかたを変えることができる。それゆえ，適応は学習するポテンシャルと対処するポテンシャル，そしておそらく監視するポテンシャルの複合したものと見なすことができる。それゆえ，適応するポテンシャルは基盤となるポテンシャルではないのである。

　上述の議論は，5つ目のポテンシャルが将来的にも必要とされないと結論づけているわけではないし，レジリエンスなパフォーマンスやRAGの原理が5つ目のポテンシャルの存在を否定しているわけでもない。レジリエンスポテンシャルの数が何個であろうが，それがどんな性質を持っていようが，重要なのは，レジリエンスというものが組織の単一の性質や能力というよりは，レジリエンスポテンシャルからあらわれ出るものだということである。4つのレジリエンスポテンシャルは，構成要素というよりは機能として表現されなければならず，それが互いにどのように依存し，どのように結合するかという捉えかたを含めて，全体として構成されるものと考えられるべきである。この点は第6章で議論する。次の第5章では，RAGが実際どのように利用されるかを説明する。

第5章

RAG―レジリエンス評価グリッド

　組織がレジリエントに振る舞うことができること，それにより「暴虐な運命の矢弾」をじっと耐えしのぶことができる。そうしたことが組織にとって必要不可欠であることは明らかである。ただし，レジリエンスを単純な一つの意味を持つ概念として扱うのは不適切である。レジリエンスもレジリエントなパフォーマンスも，直接マネジメント，制御できるものではない。一方で，レジリエントなパフォーマンスを組織の機能やポテンシャルの表出と認めるならば，レジリエントなパフォーマンスはそのポテンシャルを通して間接的にマネジメントすることができる。もちろん，必要なときに組織のポテンシャルがつねに発揮されることが当然とは言えないが，ポテンシャルのある組織は，そうでない組織に比べて，レジリエントに振る舞う可能性が高いと言える[*1]。逆に，そのようなポテンシャルを欠く組織がレジリエントに振る舞うことができないことは明らかである。

5.1　プロセスマネジメントの基本要件

　レジリエンスエンジニアリングとは，基本的には，4つのポテンシャルを，一つずつではなく一緒に，どのようにマネジメントできるかということである（詳細は第6章）。何かをマネジメントするためには，それが組織のパフォーマ

[*1] 訳注：レジリエントなパフォーマンスを直接マネジメントすることはできず，そのポテンシャルしかマネジメントできないのだから，レジリエントな振る舞いをつねに保証することはできない。しかしポテンシャルが高ければ，その可能性も高くなると期待してよいことがここでは強調されている。

ンスであれ，何かの製造過程であれ，A 地点から B 地点への人や物の輸送であれ，3 つのことが必要である。まず，現在の状況や状態（現在の「位置」）を知る必要がある。次に，どこまたは何が目標であるか，すなわち組織やシステムの望ましい将来の状態が何であり，いつそれが達成されるべきかを知る必要がある。最後に，現在の位置，状況から目標に向かってどのように変化させるか，すなわち組織を正しい方向へ正しいスピードで「移動させる」方法を知る必要がある。

　このたとえの文字どおりの例として，港から港へ航行する船の操舵を考えてみよう。そのためには，現在地（船がいまどこにいるか）を知る必要があり，目的地（到着目的の港がどこか，あるいはいつ到着予定か），そして現在地から目的地までの距離を正しい方法で縮めるためにはどう船を操船すればよいかを知る必要がある。これら 3 つの知識の一つでも欠けると，安全な航行が困難になる。現在地を知らなかったために起きたことの結末は，1707 年の海難事故でドラマチックに示されている。このとき，英国海軍はシリー諸島の岩礁にぶつかり 4 隻の艦船と約 1550 人の水夫を失った。天候は悪く，艦隊は約 184 km 南東の Ushant（または Ouessant）島のちょうど西にいるものと誤認していた。目標を知らないために起きたことの結末は，1492 年にコロンブスがアジア大陸の一部であるインドと考えた場所を発見した最初の航海によって示されている。コロンブスは確かに陸地を発見したが，われわれが現在知っているように，それはアジア大陸ではなくアメリカであった。そして最後に，その両方を正しく知っているにもかかわらず，現在地から目標までの行きかたを知らない

表5.1　知識不足の結果

	コロンブス	シリーでの海難事故	アポロ 13 号
現在地，出発地を知っている	はい	いいえ	はい
目的地，到着地を知っている	いいえ	はい	はい
現在地から目標に向かって操縦する方法を知っている	はい	はい	いいえ
結果	間違った場所へ到着	大きな海難事故	制御不能な漂流

ことによって生じた問題の例としては，1970年4月のアポロ13号のミッション，とりわけ爆発が起きてから修正された飛行計画が了承されるまでの6時間があげられる（表5.1）。

　物理システムの動きをマネジメントする場合，位置は文字どおりの意味，すなわち地理的な位置を意味する。組織マネジメントの場合，たとえば安全や質，「レジリエンス」などの属性変化といった組織の「動き」において，「位置」は比喩的な意味を持つ。多くの業界で用いられている，いわゆる「安全文化の旅」（Foster and Hoult, 2013）はよい例である。この旅は，組織の現在の安全文化を，図5.1に示すような5段階の記述を用いて決めるまたは「測定」することから始まる。この「旅」の目的は，組織の安全文化のレベルを，たとえば「受動的」から「計画的」に変えることである。安全への旅は物理的な旅の比喩を用いるが，「位置」やあるレベルからあるレベルへの「移動」手段も明確には定義されておらず，おそらくはっきりと理解されてもいない。この比喩は多くの業界で知られているが，基本的な欠点の一つは，「位置」の測定が非常に難しいことである。さらなる問題は，組織目標は，他の組織が何を行っているか，達成しているかによって決まるため，絶対的ではなく相対的であることである。最後の問題は，安全文化愛好家の自信に満ちた主張にもかかわらず，

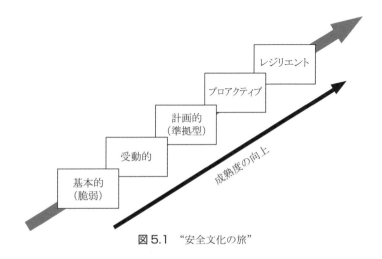

図5.1　"安全文化の旅"

組織を「移動」させたり変化させたりする方法についての具体的で実用的な知識はほとんどないことである[*2]（この問題については第 7 章でも議論する）。

英国石油（British Petroleum）とベイカー報告書

2005 年 3 月 23 日に英国石油のテキサスシティの製油所で起こった事故の後，6 編もの調査報告書が作成され，6 つの異なる勧告がなされた。これらの報告書の一つである，前米国国務長官のジェイムズ・ベイカー 3 世がリーダーとなったパネルによるベイカーパネル報告書（Baker Panel Report）は，企業の安全文化と安全マネジメントシステムを調査したものである。この報告書には 10 件の勧告があり，その最終項目は以下のようなものであった。

> 英国石油社はテキサスシティの惨事とパネル報告書から学んだ教訓を活かして，同社を世間から認められるプロセス安全マネジメントの業界リーダーへと変革しなければならない。

これは明らかに変革のための勧告である。スタート地点は，事故が起こった段階では同社が自覚していなかった，お粗末なプロセス安全マネジメントの状態であった。目標は，これも明確には定義されていないが，「認められた業界リーダー」になることであった。報告書には，当然ながら，どのようにして「認められた業界リーダー」になるかについて具体的なアドバイスはなかった。響きのよい言葉にもかかわらず，この勧告は実際には役に立たなかった。5 年後，同社の Deepwater Horizon 掘削装置がメキシコ湾で爆発し，世界最大規模の海洋への石油流出と，米国史上最も大きな環境災害をもたらしている。

5.2　測定か評価か？

測定値は，たとえば標準や規制規範，業界平均などと比較することによって

[*2] 訳注：安全文化のレベルという考えかたの批判（第 2 章），安全文化の「測定」という考えかたの批判（第 3 章）に続き，この第 5 章では安全文化のレベル間「移動」の困難さが指摘されている。

絶対的ではなく相対的な観点から組織の位置を示すためによく用いられる。一方，レジリエンス評価グリッド（RAG）の目的は比較ではなく，マネジメントするために，レジリエントなパフォーマンスのポテンシャルを評価，測定することである。したがって，ある評価を何らかの標準や他の組織と比較することにはほとんど意味がない[*3]。しかし，同じ組織の以前の評価と比べることは，自己参照（自分自身の過去との比較）になるため，意味がある。繰り返し評価を行うことにより，組織の「位置」がどのように変化したか，それが意図するスピードで，意図する方向に進んでいるかを，記述ができる範囲で，追跡することが可能になる。

　第4章では，組織のパフォーマンスを4つのポテンシャルのそれぞれを単一の質や次元として評価することにはごく限られた価値しかないことを論じた。評価においては，むしろ4つのポテンシャルに関する業務の詳細について，すなわち組織が対処，監視，学習，および予見ができるために必要な具体的な業務や機能について，詳しく調べるべきである。「レジリエンス」とは異なり，たとえば，対処のためのポテンシャルがいくつかの特定の業務や機能からどのように構成されているか，またそれぞれの機能が1つ以上の診断的（diagnostic）および形成的（formative）質問によってどのように捉えられるかを知ることは容易である[*4]。質問は，直接的に回答できるか，同意/不同意の程度について評価が可能で，それが業務上の言葉でポテンシャルを特徴づけるものであるなら診断的である。また，質問とそれへの回答が，具体的な機能と4つのポテンシャルの間の依存性や相互作用の全体像を保つ必要性を念頭に置きつつ，それらを特定の業務や機能を意図する方向に発展させるための具体的な活動（介入

[*3] 訳注：RAGの評価に際しては，質問文に対して，その文に対する合意/非合意の度合いや，主観的評価を答える場合が多い。回答者が文意を理解するレベルの差や，認知バイアスの影響が避けられない。その種の回答結果を他の組織の回答と比較するのは意味がないことをここでは指摘している。

[*4] 訳注：教育心理学や学習研究の分野では，評価に関して診断的（diagnostic）評価，形成的（formative）評価，総括的（summative）評価という3つの概念が知られている。それぞれは，学期当初や授業開始時に学習の前提となる学力評価，学期や授業の途中で理解度を確認し授業計画にフィードバックするための評価，期末やある単元の終了時になされる達成度評価に対応する。レジリエンスに終わりはないので，ここでは前2者のみが使われていると思われる。

や改善）の根拠として用いることができるなら，形成的である。同じことは他の3つのポテンシャルについても言える。

「6人の誠実な召使い」

　現場経験が十分ある人にとって，仕事や組織の重要な側面を正確に捉える質問を考えることは，通常，難しくない。それは診断のため（直接的）というよりは日常的（間接的）に行われるかもしれないが，実際に多くの場合，それは彼らの仕事の一部である。そのような質問は必ず，ある組織や活動について具体的で特定的にならざるをえないため，あらゆる組織やシステムに適用可能な汎用的（generic）質問を作成することは現実的ではない。しかし，特定の組織のための診断的な質問を作成するための出発点となりうる共通の質問を提案することは可能である（どのように可能であるかはこの章の終わりにかけて説明されている）。これは，とくにこの種の評価を行うことにあまり慣れていない人にとっては役に立つであろう。

　情報収集で役立つ汎用的な質問は，2000年以上前の古典修辞学で提案された。ローマの元老院議員で哲学者のボエティウスは「7つの状況」，すなわち「誰が（who）」「何を（what）」「なぜ（why）」「どのように（how）」「どこで（where）」「いつ（when）」「何を用いて（with what）」を推奨した。19世紀には3つのW（What? Why? What of it?）が人気となり，20世紀の初めにはラドヤード・キプリングが「6人の誠実な召使い」—5つのWと1つのH，すなわち何（What），なぜ（Why），いつ（When），どこ（Where），誰（Who），どのように（How）について書いている。

　レジリエントなパフォーマンスのポテンシャルを評価する場合，業務内容（what）やその実行のされかた（how）が重要であることは明らかである。これには，たとえば強度や能力の観点から，何かを行う必要がある際の実際の状況に対して行われていること（あるいは，行われる可能性があること）（what）の適切性や，それが行われているやりかた（how）の妥当性といった問題が含まれる。いつ（when）は行われていることのタイミング，すなわち開始や持続時間を意味する。同様に，どのように（how）は，それが適切な行為だとして，

正しい方法で行われているかを意味する。適切性は必然的に，特定の行為や機能がなぜ（why）選択されたかという質問につながる。誰（who）は，ポテンシャルが十分であることや実装されていることを保証する必要がある人や技術に関する質問を指す。最後に，どこ（where）は，行われていることの着眼点や対象が正しいかどうかを意味する[*5]。

5.3　4つのポテンシャルの評価

　以下の節では，4つのポテンシャルのそれぞれにおいて，その詳細（サブポテンシャル）評価に用いることのできる診断的質問の例を示す。診断的質問は，具体的な実務上の問題に対処する4つのポテンシャルの特徴づけから導かれる。したがって，それらの質問への回答は，4つのポテンシャルに関するその組織の詳細な特徴とレジリエントなパフォーマンス，そして総合的なポテンシャルの評価に使える。4つのポテンシャルのそれぞれは，一連の汎用的な（generic）質問群によって明らかにされる。もとよりこれらの質問群は，特定の専門領域を想定せずに一般的な言葉で形式化されているものであり，直接的に利用することは意図されていない。診断的な価値を持つためには，質問は，その特定の組織にとって重要なことを捉えるように修正する必要がある。また質問の数も標準とみなしてはいけない。実際のケースにおいては，その必要に応じて，適切な質問の数は多くなったり少なくなったりする可能性がある。それぞれのポテンシャルに関して，実際の一連の診断的質問を用いて，汎用的な質問が4つの特定の領域にどのように適用されたかを説明する。

5.4　対処するポテンシャル

　事態に対処できなければ，いかなる組織，生命体，システムも長くは存在できない。対処方策には，関連性と有効性の両方が必要であり，事態に対して適切でなければならず，また，手遅れになる前に正しい結果をもたらすことに寄

[*5] 訳注：後述する汎用的な質問群が構成される背景を，ここでは5W1Hに関連させて説明している。

与しなければならない*6。いかなる組織にも無限のリソースはないので，対処方策は限られた数の事象や条件に対してしか準備できない。ゆえに，診断的質問の一つは，組織が対処できる事象や条件に関連する。

あらゆる組織は，組織を守る備えに関して，費用対効果の高い「規則的な脅威」や事象，状況を考慮する（Westrum, 2006）。いくつかの組織はさらに，たとえば季節的変動といった，何らかの規則性がきっかけとなりうる事象や状況も考慮するかもしれない。より不規則なその他の事象に対しては，特定の備えではなく，より一般的な備えしかないであろう。組織が持つ規則的/不規則な事象のリストは，「業界の集合的経験（collective experience of the industry）」と婉曲的に呼ばれる共通リスクシナリオ，容認できない故障・失敗，安全事例や過去の成功事例などの伝統に依拠している可能性がある。また，それは法的要件（指令）や規制要件による規定に基づいていることもある。また，業界標準やシステム設計，専門知，リスク評価，市場分析などに基づいていることもある。

事象のリストが，「学んだ教訓」や作業環境の変化を反映して必要な折々に改訂されなければならないことは明らかである。これらの改訂は通常，問題が起きてからなされ，徐々に増えていくもので，たとえば組織が対処できなかったことが起きて，そのような事態が二度と起こらないことを保証したいときに行われる。しかし，失敗からの学習は最低限のもので，もし改訂が，後知恵だけでなく予見を用いて，規則的かつ体系的に行われるのであれば，あらゆる意味で，より良いことは明らかである*7。

もう一つの重要な質問は，準備された対処方策が適切であり十分であるかどうかということである。対処方策を選択するために最も重要な根拠となるのは，間違いなく，経験と伝統である。過去に試して信頼されたことは，リスクがほぼないと見なせるため，よく好まれるし，過去にうまくいったことはもう一度採用されがちである。十分な経験がない組織は，他の組織が行ったことを

---

*6 訳注：「関連性」は起きている事態に対する適切さ，「有効性」は手遅れになる前に正しいアウトカムをもたらすことを意味する。

*7 訳注：対処するポテンシャルに，学習するポテンシャルや予見するポテンシャルが影響することの指摘である。

まねたり，「輸入」したりするかもしれない（他者の成功を模倣するニーズは時に極めて強いため，2つの組織間の相容れない違いですら無視されることがある）。また，対処方策は，世の中の仕組みに関する前提や仮説，専門家のアドバイスなどに基づいていることもある。規則的に起こる事象の場合は，対処方策は徐々に洗練され補正されうる。しかし，大事故やその他の大変動といったまれにしか起きない事象の場合，実際にその状況が起こるまで，計画されたその対処方策の有効性はわからない。

　対処方策をどれくらい効果的に実施できるかを問うこともまた必要である。組織はつねに対処する準備ができているだろうか。人員や資機材は必要なときに，つねに準備されているだろうか。火災や心不全などのいくつかの事象は非常に緊急度が高いため，つねに備えておくことの利益はコストを上回る。一方で，洪水や吹雪，停電といった，その他の事象の場合，条件によっては多少の対処の遅れは許容できるかもしれない。すべての可能性のある事象に即時に対処するように準備することは，あまりにもコストがかかるからである。

　対処する閾値も同様に重要である。閾値が低すぎると，組織はあまりにも頻繁かつ素早く対処することになるためリソースを浪費する。閾値が高すぎると，組織は対処が遅すぎるか，まったく対処しないことになろう（オオカミ少年の話を思い出してみるとよい）。要するに，組織がどれだけ正しく対処する必要性を認識するか，どれだけうまく状況が要請するところに適合した対処方策を準備できるかが重要なのである。

　対処のタイミングは2つの意味において重要である。まず一つは，対処が適切なときに開始されるかどうかである。対処が遅すぎることはつねに問題だが，たとえばなかにいる全員が避難する前にエリアを閉鎖することのように，早すぎることもまた問題となりうる。もう一つは対処方策の持続時間，とくにそれが十分に長い時間持続できるかということである。たとえば生存者の探索の場合，終了は早すぎても遅すぎてもよくない。いつ平常のオペレーションを再開するかを決める組織の「終了ルール」があるだろうか。対処方策の強さもまた適切でなければならない。組織が必要な強さや規模の対処をし，必要とされる間維持できることは非常に重要である。たとえば森林火災は，消防士が疲労困憊したり，資機材（車両や消火剤といった）が十分に早く補給されなけれ

ば，鎮火できなくなる可能性がある。同様に，ワクチンは伝染病が流行する間に消費され，利用できなくなる可能性がある。

最後の診断的質問は，必要とされる能力やリソースが維持され，検証されているか，あるいはどのように維持，検証されているかについてである。これは，資機材や物理的リソースについては比較的容易に判定できる。しかし，スキルや能力といった無形のリソースの場合は難しい。人の能力はしばしば決定的な要因になるが，必要な能力があるかどうかはどのように確認でき，その能力を長期にわたって維持することはどうやって保証できるであろうか。

事例：航空管制官の能力評価

多くの専門職では，定期的な能力評価が必要とされている。そのような専門職の一つが航空交通マネジメントである。ユーロコントロール（欧州管制機関）などの航空交通安全を担う国際機関は，能力評価に関するガイドラインを発行している。このガイドラインには以下の4つの要素が含まれている。①通常業務中の航空管制官（ATCO）のパフォーマンスを観察することによる継続的評価，②毎年実施される定期実務評価，②に続いて行われる③口頭試験と④記述試験。航空機のパイロットも，フライトおよび乗客の安全を保証するために定期的なチェックを受ける。しかし，たとえば医者などの他の多くの専門職ではそうではない！[*8]

対処するポテンシャルを問う質問

表 5.2 に，組織の対処するポテンシャルの評価に利用可能な一連の汎用的な質問例を示す。また，対処するポテンシャルに関する診断的質問の具体例を表 5.3 に示す。この一連の質問は，カナダ都市部の救急部門（Canadian inner city emergency department）用につくられたものである（Hunte and Marsden, 2016）。

[*8] 訳注：関係する人間の能力は危機対応に決定的に重要な意味を持つのに，その評価は，航空機パイロットや航空管制官を除くと十分とは言えないのが実態との指摘である。

第 5 章　RAG―レジリエンス評価グリッド　87

表 5.2　対処するポテンシャルに関する詳細な質問事項の例

事象リスト	対処する備えがあるべき潜在的事象や条件（内的または外的）のリストがあるか。
事象リストとの関連性	リストは定期的に検証，改訂されているか。
対処方策の集合	リストの全事象への対処方策が計画，準備されているか。リストの事象の一つが生じたときに何をすべきか理解されているか。
対処方策の集合の関連性	対処方策が適切であるか確認しているか。それをどのように，どれくらいの頻度で行っているか。
対処方策の開始／終了条件	開始基準や閾値は明確に定義されているか。それらは相対的か絶対的か。対処の終了や"通常"状態に戻る明確な基準はあるか。
開始時間と持続時間	効果的な対処方策を十分に早く開始できるか。それは必要な時間持続できるか。
対処能力	対処方策の備えを保証する十分なサポートやリソース（人，資機材）があるか。
検証	対処方策の備え（対処の能力）は適切に維持されているか。その備えは定期的に検証されているか。

表 5.3　対処するポテンシャルを評価するための質問例（救急部門）

質問	内容
1	行動計画を準備して定期的に実践するための，日常的ならびに予期せぬ臨床的，システム的，環境的事象のリストを持っている。
2	事象リストや行動計画を体系的に振り返り，改訂している。
3	定義された閾値，行動，終了ルールに従って業務を適応／変化させ，量や厳しさ（acuity）が増した状況下で対処能力を維持するために積極的にリソースを動員している。
4	部署内ならびに他の部署・サービスと，効果的にチームを組み，コミュニケーションを図り，ともに協力している。
5	必要とされる量や厳しさに見合う能力を維持するための組織的サポートやリソースがある。
6	末端各部署の適応状態を，組織や医療システムの変化とリンクさせている。

表 5.2 と表 5.3 を比較すると，救急部門の分析グループは一般的な質問例の一部を選択しただけでなく，いくつかの新しい質問，たとえば問 4 などを追加したことがわかる．質問の具体的体裁も，その組織についての中立的あるいは技術的なものから，医療の間主観的，相互依存的，人間的な性質をよりよく反映する社会的な構成に変えている[*9]．

5.5 監視するポテンシャル

組織は，変化や事象，同様に脅威や好機に対処できなければならないが，長期的に生き抜くことを保証するにはそれだけでは足りない．理由は単純で，作業環境で何が起きているか監視しない組織は，何かが起こると，そのつどいつも驚くことになる．つねにサプライズに対処しなければならない組織は，すぐにリソースや能力を使い果たしてしまうであろう．ことわざに言うように，備えあれば憂いなしである．予期せぬことに対応することは森林火災の消火や「もぐらたたき」ゲームをするようなものである．森林火災が頻繁には起きず，モグラが現れる間隔が十分あるうちはうまくいく．しかし，頻度が増えて事象の間隔が短くなり，場所を特定して対処する時間が足りなくなるか，事象の始まりが予期できないと，対処は遅すぎて効果がなくなる．

ゆえに，監視するポテンシャルが伴っていなければ，対処するポテンシャルの有用性は限定される．逆に，事前に起こることについて知っているあるいは予測できる組織は，必要が生じたときに対処する準備ができているであろう．監視する目的は，組織と業務環境（組織境界の内外）の両方で何が起こっているか，とくに，対処することが必要となることが進行していないかどうかを把握するために，何かに目を光らせたり，定期的にデータを採取したりすることである．

[*9] 訳注：表 5.2 がはい/いいえ型の回答を期待する疑問文形式であるのに対して，表 5.3 の文章は平叙文であり，質問例という記述には違和感があるかもしれない．しかし，表 5.3 の記述に対して，同意，非同意とその程度を表すリッカート尺度（後述）で回答を示すことが期待されているので，実質的には質問になっているのである．この点も回答の容易さに配慮した大きな変更と言える．

監視するポテンシャルに関連する診断的質問は，何（what）を監視するか（測るか）とその理由（why）に関係している。これらの質問は指標問題の本質であり，長年にわたって広く議論されてきた（第4章を参照）。中心的な問題の一つは，指標が遅行型（lagging）か先行型（leading）か，すなわち，指標がすでに起こったことを表しているのか，これから起こることを表しているのかということである。その他の問題としては，組織が適切な指標を用いて正しく測っているか，また指標群が定期的に評価，改訂されているかということがある。

組織が適切な指標を用いていると満足できた場合の次の問いは，指標の使いかたや指標の検査，評価あるいは測定の頻度についてである。同じく重要な問いは，指標が有意（妥当）か，またはただ使いやすいだけかという問いである。指標はすべての業界で使われているが，実際には効率と完全性（efficiency and thoroughness）のトレードオフを表しているとみなすことができる[*10]。本書において，効率とは，どれだけ容易に指標の現在値を測定，示すことができ，どれだけ容易に他の指標や，一般に受け入れられている共通の基準や参考資料と比較できるかということを意味する。完全性とは，指標が表すべき条件やプロセスに対する有効性と，修正，支援，是正措置に関する意思決定支援における効果，直接性の両観点から，どれだけ有意義かを表す。この2つの基準を単に並べて考えることで以下に示す指標の分類が導かれる。

- 測定しやすく有意義な指標。これはもちろん理想的な指標だが，実用例を見つけることは難しい。
- 測定しやすいが，あまり有意義でない指標。このような指標は文献や実際の産業に多数存在する。少なくとも社会技術システムにおいて，安全や質の指標のほとんどはこの種類である。かつてWilliam Bruce Cameronはこう言った。「すべての大事なものが数えられるわけではな

[*10] 訳注：効率と完全性のトレードオフに関しては E. Hollnagel, Barriers and Accident Prevention, Ashgate, 2006 がよく知られている。この書籍の邦訳は小松原明哲監訳『ヒューマンファクターと事故防止』海文堂出版，2006 であるが，このなかで efficiency and thoroughness が「効率と完全性」と訳されており，本書でもその表記を採用した。

いし，数えられるものすべてが大事なわけでもない」[*11]。しかし，この忠告に留意する人は少ない。

- 測定は難しい（あるいはコストがかかる）が有意義な指標。これは「大事だが（簡単には）数えられない」ものである。これらの指標は，それを取得する明確な方法はないかもしれないにもかかわらず，具体的な情報が必要なため定義されてきた。このカテゴリの指標は，一般的に測定しやすい他の指標から集約，算出され，その集約結果が指標の意味を反映している。一つの例が，第4章で説明した消費者物価指数である。
- 測定が難しく（あるいはコストがかかる），意味がない無関係な指標。このカテゴリの指標は明らかに実際的な有用性は乏しいが，それでも，とくに経済分野では例が見られる。消費者信頼感指数などのいくつかの間接的な（計算された）指標は，実際に役に立つというエビデンスが得られていないにもかかわらず，慣習のため用いられている可能性がある。もう一つの例は安全文化レベルである[*12]。

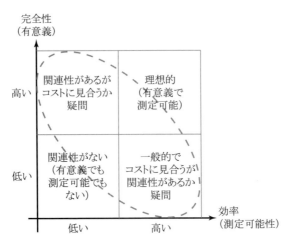

図5.2　効率と完全性に関する指標の分布

[*11] 訳注：この Cameron の言葉の出典は明示されていないが，よく知られた格言である。
[*12] 訳注：ここでも「安全文化のレベル」に関する批判的な見解が示されている。

指標をこれらの4つのカテゴリに従ってグループ化すると，結果は図5.2に示すような傾斜した楕円になり，ほとんどの指標は右下の部分に含まれる。

監視に関連するその他の課題は，測定の頻度と，どれだけ早く分析，解釈されるかである。測定の解釈は，必要なときにタイムリーな介入を支援できるように十分早くなされなければならない。これは，とくに数量のような定量的に表現できる，簡便な指標が広く好まれていることを説明している。しかし，解釈は，ある時間 n での指標値が，設定したポイントや閾値あるいは時間 $n-1$ の同じ指標値より高いあるいは低いという単なる認識を超えたものであることが望まれる。たとえば，ある国の交通事故死亡者数を考えてみよう。通常は年末に問題とされ，絶対数に多くの関心が集まるが，2つの連続する測定値が有意な差を示していることをどうやって知ることができるだろうか？ さらに言うと，そのような差が効果的な修正，是正対応や介入の根拠となるためには，どのように解釈すべきだろうか？[*13]

例：病院の標準化死亡比
(hospital standardized mortality ratio：HSMR)

病院の標準化死亡比（HSMR）とは，ある一定期間入院した患者のうちの死亡者数と死亡者数の期待値（ロジスティック回帰モデルによる）の比である。これは死亡率を分析・評価し，患者の安全とケアの質の改善できる箇所を特定するために世界中で用いられている。これは直観的に意味があるように見える一つの数字 HSMR を提供するので魅力的である。しかし，HSMR は指標の妥当性が低く，時間経過とともに不安定性があり精密でないため，誤解を招く可能性があると批判されてきた。すなわち，その単純さが価値を誤って伝えている可能性がある。HSMR は容易に測定できるがあまり意味がない指標の一例である[*14]。

[*13] 訳注：ある年とその前の年で交通事故による死亡者数が m 人と m' 人だったとする。この差が有意か，安全度が低下したと見るべきかなどの判定は，簡単ではない。死亡者数は，総人口，登録された自動車数，運転免許保有者数，日常的利用者数，道路の建設・開通や保守の状況，交通安全政策ほか，多くの要因に影響を受けるからである。

[*14] 訳注：病院の診療科目や重症患者の受け入れ状況などが異なるからである。

監視するポテンシャルを問う質問

表 5.4 に，組織の監視するポテンシャルを評価するために使える一連の汎用的な質問例を示す。また，監視するポテンシャルに関する診断的質問の実例を表 5.5 に示す[*15]。この一連の質問はフランス国鉄（SNCF）用につくられたものである（Rigaud et al., 2013）。

このケースでは，実際の診断的質問は，ほとんどが汎用的質問から直接採用されており，それにいくつかの質問が追加されている（たとえば質問 7）。診断的質問の形式は，原則的に確認または否定することができる[*16] 直接文である。しかし，実際の回答カテゴリは，後の節で説明するようにある程度バリエーションがある。

表5.4 監視するポテンシャルに関する詳細な質問事項の例

指標のリスト	定期的に使用されるパフォーマンス指標のリストを持っているか。
関連性	リストは定期的に検証・改訂されているか。
妥当性	指標の妥当性は確立されているか。
遅延	指標のサンプリングにおける時間遅れは許容できるか。
感度	指標は十分に感度が良いか。変化や進展を早期に検出できるか。
頻度	指標は十分頻繁に測定，サンプリングされているか（継続的，定期的，つねに）。
解釈可能性	指標や測定値は直接意味をなすか，あるいは何らかの分析を必要とするか。
組織的支援	定期的な点検計画やスケジュールはあるか。十分なリソースがあるか。結果は適切な人に伝えられ，利用されているか。

[*15] 訳注：表 5.4 がはい/いいえ型の回答を期待する疑問文形式であるのに対して，表 5.5 は平叙文であり，回答は同意，非同意とその程度を表すリッカート尺度（後述）で回答することが期待されている。表 5.2 と表 5.3 の違いと同様の適合化がなされている。

[*16] 訳注：はい/いいえで答えることができる。

表5.5　監視するポテンシャルを評価するための質問例（フランス国鉄）

質問	内容
1	パフォーマンス指標は組織に適合している。
2	指標は定期的かつ適切に改訂されている。
3	先行指標を用いている。
4	遅行指標を用いている。
5	先行指標は妥当である。
6	遅行指標が対象とする期間は適切である。
7	測定のタイプ（質的あるいは量的）は適切である。
8	測定の頻度は適切である。
9	計測と分析の間の時間遅れは許容できる。

5.6　学習するポテンシャル

　何が起きているか追跡，監視するポテンシャルと，必要なときに対処するポテンシャルを備えている組織は，条件（要求，リソース，オペレーション環境など）が安定な限りはうまく機能するであろう。もしそれらの条件が変化すれば，組織も変化しなければならない。これは，学習するポテンシャルが不可欠なことを意味する。学習とは，組織が大小さまざまな日々の状況をどのように処理するのかを能動的かつ意図的に修正することである。ゆえに，学習の本質は，組織がどのように対処し，監視し，予見するか，そしてどのように学習するかを変化させる能力のことを指す[*17]。

　問題の一つは，学習の基礎に関することである。安全との関連で確立されている知恵に，事故から学習することがある。事故は望まない出来事であり，できるかぎり避けたいことは明らかである。因果律についての信条（causality credo）によれば，事故には発見可能で，かつ原則的に取り除くことができる原因がある。したがって，再び事故が起こらないようにするためには，そこから

[*17] 訳注：学習の本質には，学習のしかたを変える能力も含まれる。その意味で，メタ認知能力が含まれる。

学ぶ必要がある（証明終了）。この伝統的な安全観に対して，Safety-II の考えかたは別の見かたを与える。もし間違ったことに原因があるならば，うまくいくことにも原因があるはずである。間違うことよりもうまくいくことのほうが多いので，うまくいくことから学ぶのは理にかなっている。失敗のみから学習することは，むしろ高くつくだけでなく，限界がある。組織は，生じるすべてのこと，うまくいかないこととうまくいったこと，またそれらの中間のことのすべてから学習すべきである[*18]。

　学習には，規則的なもの，不規則的なもの，また連続的なものもありうる。不規則的な学習は，事故のようにまれな出来事への反応としてなされる。もし何かが，いつもとあるいは予測（良い意味でも悪い意味でも）とまったく違うものならば，学習の対象となりうる。この種の学習はイベント駆動で事後反応的である。このことは，事故や積極的な驚きがない場合のように，「何も」起こらなければ，何も学習すべきことがないことを仮定しており，その結果，何も学習されない。この考えかたは基本的に間違っている。実際，「何も」起こっていないときでも極めて多くのことが起こっており，組織はそこから学習することによって大きな利益を得ることができる[*19]。

　規則的な学習は，まれな出来事ではなくパフォーマンスのパターンに基づいている。これは，学習の基礎となるデータや情報の集めかたが重要なことを明らかにしている。学習は日々の仕事の自然な一部として（したがって，仕事と一体化した形で）行われているのか，そうではなく専門家によって，あるいは特別なときに別途行われているのか。学習の責任を専門家が担っている場合，彼らにはおそらくその仕事のために必要な技能とリソースが与えられている。しかし，学習が専門家によって別途行われる活動だと，日々の仕事から容易に乖離する。これは，「教訓」が学ばれるときと，それを実行に移すときとの間に時間差をもたらす。実際，学習が実経験から離れれば離れるほど，この時間差は大きくなり，また詳細度や正確さはより損なわれる。事象から学習する典型的な道筋を示す図 5.3 はこのことを説明している。組織内をレポートが長

[*18] 訳注：Safety-I の立場ではうまくいかなかったことから学ぶが，Safety-II の立場ではうまくいったことも学習対象に入れる。この意味では Safety-II は Safety-I を包含している。

[*19] 訳注：この考えかたが Hollnagel が Safety-II を考えるに至った背景でもある。

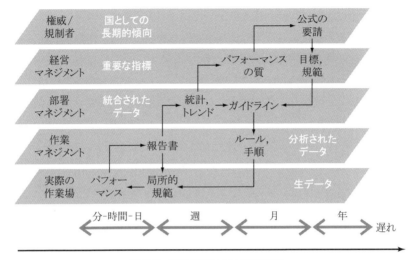

図 5.3 組織学習における時間遅れ

く移動すればするほど，認知されフィードバックがなされるのにより時間がかかる。もう一つの影響は，情報は分析・統合データによって，（実イベントを直接記述した）生データからパフォーマンス指標（得点票など）や長期的な傾向（統計）へと徐々に変えられることである。分析・統合レベルの高い指標を用いてなされた意思決定は，現場での意思決定に比べて具体性に欠け，実行性が低くなることは明らかである。

　もう一つの診断的質問は，学習に割り当てるリソースに関する問いである。これは学習が直接的で個人的であるか，あるいは媒介的，組織的であるかということと無関係ではない。学習に割り当てるリソースはしばしば，投資よりもコストとみなされる。とくに比較的「平穏」な期間においてはそうであり，ゆえに経済状況が切迫すると最初に削減されるものの一つである。

　最後に，学習されたことがどのように実装されるかという問いがある。学習されたことは，新しいルールや手順，訓練内容の修正，設備や職場，組織構造の再設計，あるいは組織の一部の再編成などのいずれとして示されるであろうか。学習による変化は一時的なものか恒久的なものか。変化それ自体が評価されているのか。学習効果はどれくらい持続することを前提としているのか。学

んだ教訓はどのように維持されるのか。何かが実際に学習されたことはどのように検証されるのか。これらの問いへの回答も必要である。事故や混乱とリンクした不規則な学習は，似たような状況が再び起きないかもしれないので，検証することは不可能でないにしても難しい。ここで，小さな出来事や日々の出来事を規則的な学習にリンクさせることは，学習効果の有無の判断がはるかに簡単なので，明らかに有利である[*20]。

例：アラン・グリーンスパンとあの金融危機

心理学的現象としての学習は，人間の認知を形成するいくつかのバイアスの影響を受ける。それらの一つが確証バイアス（confirmation bias）で，人は信念や前提を裏付ける情報を好む。このことは，ガーディアン紙（2008年10月24日）のインタビューにおける元米国連邦準備制度理事会の議長であるアラン・グリーンスパンの発言によく表れている。金融危機に関するコメントにおいて，グリーンスパンは次のように述べた。「部分的に…私は，組織，とくに銀行の利己心が，株主と企業の株式を最もよく保護できると仮定するという間違いを犯していた…。私が認めていたこのモデルに含まれる，ある欠陥こそが世の中の動きを決める重要な機能構造であることがわかった。私は40年間，このモデルが非常にうまく機能しているという十分な証拠を持っていたのだが」。

グリーンスパンの告白は，学習の失敗だけでなく，予見の欠如，あるいは欠如でないにしても固定的で不変的な前提からの単純な外挿に過ぎない「機械的」な予見であったことを示している。まさに同じ事象推移，すなわち2007～2008年に起きたサブプライムのバブルは，部外者のマイケル・ベリー博士によって正確に予測されていた。

学習するポテンシャルを問う質問

表5.6は，組織の学習するポテンシャルを評価するために使える一連の汎用

[*20] 訳注：p.94で「うまくいかないこととうまくいったこと，またそれらの中間のことのすべてから学ぶべきである」と述べているが，ここではその趣旨を反復・強調している。

的な質問例を示す．表5.7は，学習するポテンシャルに関する診断的質問の具体例を示している．この一連の質問は，航空管制に関する研究（Ljungberg and Lundh, 2013）のために，スウェーデンのLinköping大学の研究者らによって開発されたものである．

表5.6 学習するポテンシャルに関する詳細な質問事項の例

選択基準	組織は，どのイベントから学習するか（頻度，重大度，数値など）明確な計画を持っているか。
学習バイアス	組織はうまくいったことから学習しようとしているか，あるいは失敗のみから学習しようとしているか。
学習スタイル	学習はイベント駆動（受身的）か，継続的（計画的）か。
分類	データ収集や分類，分析のための正式な手順はあるか。
責任	学習に関する責任者は明確か（共通の責任か，専門家が担うか）。
時間遅れ	学習はスムーズに機能しているか，あるいは学習過程に著しい遅れがあるか。
リソース	効果的な学習のために十分なサポートが提供されているか。
実装	学習された教訓はどのように実装されるのか（規制，訓練，指示書，再設計，組織の再編成など）。

表5.7 学習するポテンシャルを評価するための質問例（航空管制）

質問	内容
1	何が報告されるべきか明確に定まっている。
2	提出された報告書は十分に調査されている。
3	提出された報告書に対しては，十分な対応措置の実行またはフィードバックがある。
4	報告書の提出から対応措置の実行までにかかる時間は許容できる。
5	報告書作成のための十分なリソースがある。
6	従業員には報告書を書く動機付けがなされている。
7	うまくいかなかったことだけでなく，うまくいったことからも教訓が学習されている。
8	相互学習のために，他部署の人との話し合いの機会がある。

この事例では，対処するポテンシャルについての個人の視点を強調するように診断的質問が定式化されている．たとえば質問 2, 3, 4 は，組織的・システム的というよりも，学習がどのように行われうるかに関する現場スタッフの関心に関係している．質問 8 は，収集データに基づく「直接的」学習というよりも，むしろ同僚からの「間接的」学習に関するものである．他の 3 つのポテンシャルに関する質問と同様に，一連の質問は航空管制の仕事の特定の性質と管制官の関心を反映している．この事例では，多くの質問が 2 値的な回答を求める形式になっているが，より段階的な回答の方式を採用しても支障はない．

5.7 予見するポテンシャル

ほとんどすべての組織は，日々のパフォーマンスに影響を及ぼす可能性のある変動や外乱に対処する能力に関心があり，監視するポテンシャルや対処するポテンシャルをマネジメントする方法によってその能力を強化しようとしている．多くの組織が，新たな要請や制約，変化する作業環境についていくことに不安を感じている．いくつかの組織は，長期的展望だけでなく，将来がどのようなものになるかについての関心も持っている．しかし，将来起こるかもしれないことを考えること，すなわち予見するポテンシャルは，レジリエントなパフォーマンスのための 4 つのポテンシャルのなかで最も未開発で，最も重要視されていない．しかし，程度の違いはあるにしても，4 つのポテンシャルのすべてがなければ，レジリエントなパフォーマンスは実現できない．

予見するポテンシャルは，監視するポテンシャルの拡張以上のものである．監視する目的は，組織の内外両方において何が起こっているか注意を払うことだが，予見の目的は将来起こるかもしれないことについて考え，思いを巡らすことである．監視することは，重要となる可能性があることに注意を払うことであるが，予見は可能性そのものを想像することである．伝統的な安全マネジメントに関していえば，おそらくこれが予見に関してあまり取り扱われてこなかった主な理由だろう．エンジニアリングと想像力は，しばしば両立しないものと見なされているが，それは真実とはまったく異なっている．

予見するポテンシャルにとっておそらく最も重要な条件，ゆえに評価におい

て最も重要な側面は，未来について考える時間や労力を割く必要性を受容する企業のビジョンの存在である。多くの組織は，将来の顧客か，将来の患者か，将来の規制や制約（法律的）かなどなど，「市場」を予測したいときはそうする。しかし，予見するポテンシャルはそれ以上のものである。それは，単に何が起こる可能性があるか考えるだけではなく，組織が長期的に何を獲得，達成したいか，またはどのようになりたいか（どの状態へ行きたいか）を考えることも含む。これと密接に関連するのは，リスクを積極的にとる意欲である。リスクをとる意欲がなければ，予見することから得るものはほとんどないであろう。リスクを避けることは予見の敵である[21]。

予見の重要な要素として，組織がどれだけ先の未来を見ようとするかという対象期間（time horizon）がある。いくつかの組織の場合，その答えは組織の活動の性質によって決まる。たとえば原子力発電所や自動車道路橋，風力発電所や病院の建設を計画するならば，巨額の投資で，期待寿命は長く，簡単に捨て去ったりすぐに取り壊したりできないので，かなり先まで見る必要がある。その他の組織の場合は熱意に関する問題であり，不確かさに対する許容性に関する問題である。

組織が予見に取り組むなら，さらなる質問は，その組織が未来についてどのように考えるかであり，言い換えると，世界とそこで起こる出来事のモデルがどのようなものかという問題である。将来に影響を与える可能性のある出来事のダイナミクスについて，モデルは何を仮定するのか。潜在的な脅威や好機はどこからやってくるのか。予見は明確なモデルに基づいているか，あるいは予感や感覚，直観に基づくものなのか。関連する問題としては，明確に策定された戦略はあるか，それは共通に知られているかなどがある。

最後の2つの診断的質問は，いつ将来について考え，誰が考えるかという問いである。規則的あるいは不規則なものか，企業のビジョンやカリスマ的リーダーの見本によって駆動されるものか，あるいはひときわ大きな変化や災害への対応において生じるものか。コンサルタントやシンクタンクに外注されるも

---

[21] 訳注：組織が持続可能であるためにはリスクテイキング行動が欠かせないこと，予見はそのための重要な機能であることの指摘である。

のか，あるいは組織のなかで行われるものか，そうであれば誰が行うのかなどがこの問いに相当する。

例：Turing Pharmaceuticals 社

Turing Pharmaceuticals 社の価格政策は，市場や世間の反応を予見しなかった結末のよい例である。2015 年 9 月，同社は製品の一つである寄生虫感染症の治療薬[22]であるダラプリムの価格を一錠当たり 55.55 倍，つまり 13.5 ドルから 750 ドルまで引き上げた。同社は，売上からの利益は病気を撲滅すると期待される新しい治療法の開発に使われると主張した。同社を除けば，当然のことながら世間からの怒りが広がり，2 人の米国議員から疑問が投げ掛けられた。一方，同社の対応は，価格決定の説明のために 4 人のロビイストとクライシス・コミュニケーション会社を雇うことだった。

2015 年 12 月 17 日，Turing 社の CEO は（本件とは関係ないが）前の会社での出資金詐欺の容疑で FBI に逮捕された。同社は薬の価格を下げなかったが，他の会社はより安い代替薬の提供に参入した。

予見するポテンシャルを問う質問

最後に，表 5.8 に組織の予見するポテンシャルの評価に使える一連の汎用的質問例を示す。

また予見するポテンシャルに関する診断的質問の実例を表 5.9 に示す。この一連の質問は，オーストラリアの放射線防護・原子力安全庁によって包括的安全ガイドライン（Holistic Safety Guideline）の一部としてつくられたものである（ARPANSA, 2012）[23]。

---

[22] 訳注：エイズやがんで免疫力が低下している人の治療にも使われる薬剤。
[23] 訳注：この質問群は，疑問文形式になっている。また想定されている回答がはい/いいえの選択型質問と，自由記述型質問が混在している。

表5.8 予見するポテンシャルに関する詳細な質問事項の例

企業文化	企業文化は将来について考えることを奨励しているか。
不確かさの受容	リスク・好機が受け入れ可能あるいは不可能とみなす判断方針はあるか。
対象期間	対象期間は組織の活動の種類に対して適切か。
頻度	どの程度頻繁に将来の脅威や好機を評価しているか。
モデル	将来に関するわかりやすく，明確なモデルがあるか。
戦略	明確な戦略的ビジョンを持っているか。それは共有されているか。
専門能力	将来を見るためにどのような専門能力を用いるか（たとえば組織内，外注など）。
コミュニケーション	将来についての予想は組織全体で共有されているか。

表5.9 予見するポテンシャルを評価するための質問例
（オーストラリアの放射線防護・原子力安全庁）

質問	内容
1	潜在的な安全やセキュリティに関する弱点や脅威に対する将来を見通すために，どのようなシステムが整備されているか。
2	将来予測のためのシステムや人に，正確で関連ある予測をするための十分な専門知識，能力，リソースがあるか。
3	将来予測はどれくらい先まで，またどれくらいの頻度でなされるか。
4	将来予測・分析の範囲や深さを決めるためにどのような基準を用いているか。
5	安全やセキュリティに関する潜在的または予見される弱点や脅威についての問題提起が，スタッフにとって容易で，直接的で，奨励されていることを保証するために，どのようなシステムが整えられているか。スタッフの貢献はどのように考慮されているか。
6	予測情報が関連部署に伝えられることを保証するために，どのようなシステムが整えられているか。その情報は関連スタッフや部署/プロセスに十分に伝えられ共有されているか。
7	将来の安全やセキュリティの弱点，脅威を十分に予測するためのスタッフのスキルや能力を開発，維持するために，どのようなシステムが整備されているか。
8	予測分析によって提起された問題に対処するための制御手段が開発，実装されていることを保証するために，どのようなシステムが（適切なところに）整備されているか。この開発，実装プロセスにおいてスタッフは十分に相談を受けているか。

組織の関心と規制者の関心には重なる面はあるが，この例での診断的質問は，組織そのものというよりは規制者の関心を表している。ゆえに，それぞれの質問には同じ言い回し，「どのようなシステムが整備されているか」が使われている。他者・他部門が回答する可能性は排除しないが，これらの質問は組織のマネジメントに向けられている。マネジメントは将来的な是正措置の対象となることなので，マネジメントに焦点を当てることは規制組織にとって正当である。質問には，詳細な回答を必要とするものもあれば，あらかじめ定義されたカテゴリによって回答できるものもある。求められる回答の種類は，評価の目的に明確に沿うものでなければならない。この例では，組織を直接マネジメントするためというよりは組織マネジメントを評価することが目的とされている。

5.8 間接的な評価尺度（proxy measure）

目立つ事象や断片的なパフォーマンスの実例に基づいて，レジリエントなパフォーマンスのポテンシャルを評価，測定することはできない。ポテンシャルの評価・測定のためには数週あるいは数か月を通して明らかになるパフォーマンスの特徴を調べる必要がある。パフォーマンスがレジリエントであったかどうかを判定するために，理想的には，ある期間にわたって組織を観察することが必要となるであろう。これは実行することがなかなか難しいため，効率と完全性の両方の要求を満たす何らかの間接的な評価尺度（proxy measure）を見つける必要がある。

レジリエンスとは，実際の作業条件へのパフォーマンスの適応によって，人（個人あるいは集団）が日々の（大小の）状況に対処する様の表出である。したがって，レジリエンスはアウトカム（生成物）ではなく，むしろ個人や組織のパフォーマンス（プロセス）に関係している。しかし，個人や組織のパフォーマンスは扱いにくく，かつ不完全にしか定義されていないため，直接測定するのが難しいことはよく知られている。解決策は，レジリエントなパフォーマンスの基礎となる4つのポテンシャルによって与えられる。これは，各ポテンシャルが，単一の測定法で示された，単純で均一の質を持つものとし

て取り扱われなければならないという意味ではない．むしろ，間接的な評価尺度（proxy measure）は，この章で説明したように各ポテンシャルの詳細に基づくべきである．このような間接的評価尺度（による評価）は，実際のプロセス（パフォーマンス）よりゆっくり変化することが利点である．それらの構成機能やプロセスを介して，依存性を考慮しながら変化させたりマネジメントしたりすることもより簡単である．

診断的質問の策定

組織をマネジメントするためには，レジリエンスポテンシャルの評価は十分に詳細である必要がある．したがって，診断的質問への回答は2値的（たとえば，はい/いいえ，同意/非同意など）ではなく，たとえばリッカート尺度を用いたように，段階的になされるべきである．すでに紹介した実際の診断的質問の4つの例は，質問作成と回答記録のいろいろなやりかたを示している．

- 表5.3（カナダ都市部の救急部門における例）は，回答者の賛成/反対の程度が表現できるようにつくられていた．原則的には2値的な回答（賛成/反対）もありうるが，賛成/反対の程度を対称性を有する尺度上で回答できる方式のほうがより一般的で使いやすい．典型的な5段階のリッカート尺度では次の回答カテゴリが使えよう：「強く反対」-「反対」-「どちらでもない」-「賛成」-「強く賛成」．
- 表5.5（フランス国鉄（SNCF））も同じアプローチを用いたが，このケースでは，質問については「十分」-「受け入れ可」-「中立」-「不十分」の4つの回答カテゴリが用いられていた．
- 表5.7（Linköping大学（LiU））もリッカート尺度を使っており，この例では，次の5つの回答カテゴリを用いていた．優秀（質問が想定する評価基準を全体的に超えている），十分（質問が想定する妥当な基準をすべて満たしている），許容できる（質問が想定する名目上の基準を満たしている），許容できない（質問が想定する名目上の基準さえ満たしていない），欠陥状態（質問が想定する基準を満たす能力がまったくない）．

- 表 5.9（ARPANSA）では異なるスタイルが用いられ，質問はより自由記述式である．賛成/反対の程度ではなく，詳細な回答を要求する質問もある．その一例は次のような質問である．「将来の安全やセキュリティの弱点，脅威を十分に予測するためのスタッフのスキルや能力を開発，維持するために，どのようなシステムが整備されているか」（表 5.9, 質問 7）．また，次の質問のように賛成/反対の程度を問うものもある．「将来予測のためのシステムや人に，正確で関連ある予測をするための十分な専門知識，能力，リソースがあるか」（表 5.9，質問 2）．

RAG は一定期間，繰り返し実施することを意図しているので，診断的質問が何らかの標準的な形式で管理されるようになっていると便利であろう．たとえばメールやウェブサイトを介して電子的に行えば，インタビューや対面ミーティングの必要性が減る．もちろん，質問を実際に作成，提示する際は，社会科学やヒューマンファクターの良好事例に注目すべきである．

5.9　評価結果をどのように提示するか

リッカート尺度を使う注目すべき利点は，表，棒グラフや積み重ね棒グラフ（diverging stacked bar chart），円グラフ，方形パイチャート（square pie chart）などのさまざまなグラフで直接的に結果を示すことができることである．結果の効果的な提示手法を選ぶ際は，評価が一回限りではなく，プロセスマネジメントや開発マネジメントの支援を目的とした繰り返しの測定であることに留意する必要がある．したがって，一つの評価結果が，別の評価結果と簡単に比較できると有用である．そのような比較によって，発生した可能性のある変化の大きさと方向を示すことができる．

レーダーチャートまたはスタープロットは，評価結果を提示する効果的な方法である．レーダーチャートは等角に配置した軸を用いており，各軸は質問の一つを，軸の長さはリッカート尺度による回答者の評価結果を表している．しかし，ここでの関心は，リッカート尺度が通常用いられるように回答の分布を測定することではなく，回答の平均や中央値などで表される共有された見解を

第 5 章　RAG―レジリエンス評価グリッド　105

見ることである．結果は星型の多角形で表され，特定のポテンシャルに関する回答分布の特徴が表される．

図 5.4 は対処するポテンシャルの評価が，(不特定の) 組織についてどのように見えるかを示している (質問は表 5.2 に示した汎用的質問で，回答には標準的な 5 段階リッカート尺度を用いている．例は仮想のものである)．この組織では，評価は 4 か月ごとに実施されていると仮定している．「1」はリッカート尺度の低評価，「5」が高評価に対応しており，図 5.4 の「4 か月目」のいびつな形の多角形は，回答者はすべての機能 (質問に関する) が満足あるいは十分だとはみなしていないことを明示している．たとえば，対処する能力 (開始/終了，開始/持続時間に関する) と対処結果の検証については，不十分と評価されている．しかし，事象リストと対処方策の集合は両方とも十分と評価されていることや，必要なときに対処できるように十分なリソースがあることは，注目すべきである．その他の 3 つのポテンシャルの評価の例との関連で捉えながら，不十分と評価された機能の改善と，十分と評価された機能の維持の，両方の計画の根拠としてこの評価を用いるべきである．組織は長所と短所の両方に目を向け，4 つのポテンシャルを構成する機能群，そして 4 つのポテンシャルそ

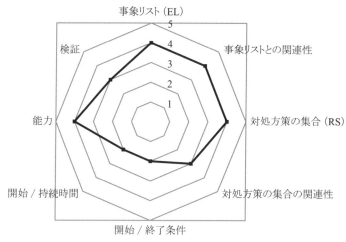

図 5.4　対処するポテンシャルの評価 (4 か月目)

のものの適切なバランスを維持するよう努力する必要がある。もし「低い」評価の項目のみ対応措置がなされるなら、それはRAGの誤った使いかたであり、またそれらが独立に措置されるならば、それはさらに悪い使いかたである[*24]。

対処するポテンシャルの開発

図5.4に示された回答を見てみると、8個の質問のうち4つの回答は明らかに改善の余地があることを示しているが、残りの4つの回答は許容範囲である。この状況は以下のように説明することができる。

- 対処方策の集合（RS）の関連性、すなわち対処準備すべき事象や対処する条件をまとめたリストは、「3」のスコアに対応しており、容認できない。
- 対処開始と終了の基準はスコア「2」で、明らかに容認できない。
- 評価回答によると、効果的な対処方策の開始にかかる時間が長すぎ、また必要な時間長く維持できるかどうかも不明である（スコア「2」）。
- 組織の対処方策準備状況は定期的に検証されていない（スコア「3」）。

質問が診断的かつ形成的であるがゆえに、その回答は、どのように状況を改善しうるかについて考え、是正措置を提案することに役立つきっかけを与える。同じ例でいうと、提案は、たとえば次のようになる。

- 事象リストの各事象に対して事前準備した対処方策をレビューする。そのようなレビューは、対処に失敗した後だけでなく、定期的に行う必要がある。問題となる状況がこれまでなかったとしても、それは備えが完全だったからではなく、「運がよかった」だけかもしれない。
- この評価では、少なくとも対処方策のある部分については、開始と終了基準が十分に明確でないことを示している。したがって、計画された対処方策それぞれについて検討し、開始条件が明確に定義、記述されてい

[*24] 訳注：図5.4の例で言えば、「検証」「開始/持続時間」「開始と終了」などの評価が相対的に低いが、それらを単独に取り出して検討するのでは不十分で、他のポテンシャルの現状まで俯瞰的に見て対策を立案すべきであると指摘している。

るか，改訂が必要かどうかを調べることは妥当であろう。終了基準についても同様であるが，さらに，組織がその主要な機能をいつどのように再開できるかについて，どの時点で追加的に考慮すべきかも検討されるべきである。そうしないことは組織の自己満足に等しい[*25]。

- 開始条件が生じてから対処がなされるまでの遅れが大きすぎる場合，その準備が十分であったかどうか，とくにリソースが適切に配置されていたかどうかを検討する必要がある。これは組織の目標や優先順位の再評価につながるであろう。即座の対処が必要な事象もあるし，遅延が許されるものもある。しかし，ある事象がどちらか判断するには，それが実際にどの程度うまくいったか（経験や教訓），どのように（限られた）リソースを配分すべきかの両観点から，慎重な検討が必要である。対処方策を十分に長い時間持続させる能力についても同様の検討が必要であるが，ここでは「十分に長い」時間とは実際に何を意味するのかを判断することも含まれる。

- 最後に，組織は，対処方策の備えが実際に整備されていることがどのように検証されているか調べる必要がある。たとえば，一度だけしか作成されていないセーフティケース[*26]に依存していないだろうか。リソース（物資や技能）への要件が時間とともに変化する可能性や，リソースが劣化する可能性を考慮しているか。チェックリストやネガティブな報告を用いているのか，あるいは直接の責任者の意見を積極的に探しているのか。対処する機能の準備状況は定期的にチェックされているか，あるいは重大な有害事象の後だけなのか。これらの問いかけが必要である。

他の4つの質問に対応する機能は許容可能という評価が得られた。したがって，それらへの対応措置を考える緊急度は低いと思えるかもしれない。しか

[*25] 訳注：対処方策をどのような条件下で開始し，また終了させるかに加えて，組織の機能再開条件まで考察しておくことが社会的責務である。

[*26] 訳注：セーフティケースとは安全性がいかに保証されるかを構造化された議論により示すやりかたを指す。

し，いかなる組織も，安全が「ダイナミックな事象」であることを覚えておく必要がある。これは，許容可能な評価結果（outcome）はひとりでに生じるのではなく，持続が必要な具体的な取り組みによってのみ生じることを意味する。不十分なことを改善するだけでなく，うまくやっていることにも注意を払い，支援することが同様に重要である。

この例を引き続き用いて，同じ組織が4か月後に評価を実施し，図5.5に示す評価結果が得られたと仮定する。

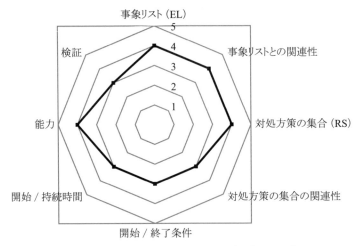

図5.5　対処するポテンシャルの評価（8か月目）

2つの評価の違いが容易に見て取れるため，組織が正しい方向に進展しているかどうか，具体的な介入を集中すべきところはどこかの，両方の判断に用いることができる。2番目のレーダーチャートは，改善されたところと，改善が依然必要なところを示している。図5.5から，以下の変化が顕著に見て取れる。

- 対処方策の集合を改訂するための取り組みはまだ成功していない。これは，変更の実現に時間がかかっているか，結果が現れるまで4か月以上かかるためである可能性がある。
- 対処方策の開始基準や終了基準の評価は「2」から「3」に改善している。

しかしながら，まだ改善の余地があるため，この組織は努力を続けるべきである。
- どれだけ早く効果的な対応を開始できるか，どれだけ長く続けられるかに関してもいくらか改善している．しかし，スコア「3」は完全に満足できるものではないため，この組織は努力を続けるべきである．
- 最後に，対処方策の準備状況の検証方法については，期待される改善は見られなかった．理由は，最初の項目（対処方策の集合の適切性）と同じである可能性がある．

期待された改善がないことは，選択された介入が適切でなかったか，あるいは組織が機能する仕組みに関して単純すぎる理解に基づいていたためである可能性がある．後者の場合，組織が機能する仕組みをある程度正しく理解するための追加の取り組みが必要かもしれない．次章では，これがどのようになされうるかについて議論する．

図 5.5 のレーダーチャートは，この組織が他の 4 つの機能の維持には成功していることもまた確実に示している．

5.10 診断的かつ形成的質問群

この章の冒頭で指摘したように，RAG の質問は診断的であると同時に形成的である必要がある．質問はポテンシャルあるいはポテンシャルの一面に対して重要で具体的な問題事項に着目するという意味では診断的でなければならない．また，質問は，その回答がポテンシャルを改善する具体的な活動や介入を提案する際の根拠として役立つという意味では形成的でなければならない．質問の診断的かつ形成的側面を 4 つの例を用いて説明する．

対処するポテンシャル

対処するポテンシャル（表 5.3）を構成するサブ機能を取り上げるために用いる質問の一つは，「事象リストや行動計画を体系的に振り返り，改訂している」である．この質問は，組織が対処する準備を維持するための条件や事象を

体系的に再検討しているかどうかを見るため，診断的である。この質問は，単に組織がある事象や条件に対処する準備があるかないかだけでなく，事象や条件のリストとの関連性を体系的に考慮しているかどうかも問いかけている。この質問は，その回答が何をすべきかを明確に示すため，形成的である。もしリストが十分であれば，組織はそれが確実に維持されるように措置をとる必要がある。また，もし十分でないならば，あるいは十分でないように見えるなら，それを克服するために，たとえばリストの改訂，適格な人員の確保，適切な優先順位の設定のための仕組みやリストの改善のための時間，人員，リソースの導入や支援といった，何かをすべきである。

監視するポテンシャル

監視するポテンシャル（表5.5）を構成するサブ機能を取り上げるために用いる質問の一つは，「先行型指標を用いている」である。この質問は，組織が遅行型指標に専ら依存しているか，あるいは遅行型と先行型の指標を組み合わせているかを訊ねているので，診断的である。この診断は，それらの指標の起源や出どころ，文書化された実績値などを詳細に見ることによってさらに追究できる可能性がある。この質問は，否定的な回答，すなわち組織が遅行型指標に専ら依存していることが，監視のしかたをどのように改善するかを考えるきっかけになるため，形成的でもある。そのような改善は組織の要求に明らかに適合したものでなければならない。しかし，あらゆる組織は，短期あるいは中期的にどのような変化の可能性があるか，その傾向を監視する必要がある。それをうまくやることは容易ではないかもしれないが，それがまったくなされていないことが知られれば，それは何かを変えねばならないという明らかな警告である。

学習するポテンシャル

学習するポテンシャル（表5.7）を構成するサブ機能を取り上げるために用いる質問のひとつに，「報告書の提出から対応措置の実行までにかかる時間は

許容できる」がある．これは，学習のための重要な条件，すなわち情報あるいはフィードバックが，事象についての記憶が新鮮なうちに，あるいは作業条件が大きく変化する前に，利用可能かを問うているので，診断的である．もし遅れが大き過ぎて，数日や数週間ではなく，数か月や数年になると（図 5.3 を参照），情報はもはや関連性がなくなる可能性がある．スタッフは変わるであろうし，仕事の本質や作業環境も変わる可能性がある．もしそのいずれかである場合，対応措置はそれを受け取る人々にとってもはや意味をなさず，ゆえにバインダにファイルされるかデータベースに追加されるだけだろう．いずれの場合も，有益な学習はなされないであろう．この質問は，否定的な回答が得られた場合には，そのことが具体的な目的を伴う是正措置，すなわち報告書を分析し対応措置を実行するのにかかる時間を短縮することを示すため，形成的でもある．解決策は，もちろん，ただ仕事のペースを上げることや，人員を要求して作業時間を減らすことではない．是正措置は，むしろ報告書がどのように処理されたか，機構の官僚的・管理的構造，組織の優先順位，有能な人材の利用可能性などについての十分な理解に基づいたものでなければならない．たとえば，報告書がどのように書かれ提出されるか，情報はどのように処理され分析されるか，また分析はどのように文書化され報告されるかなどに焦点を当てることが必要である．

予見するポテンシャル

予見するポテンシャル（表 5.9）を構成するサブ機能を取り上げるために用いる質問の一つは，「予想情報が関連部署に伝えられることを保証するために，どのようなシステムが整えられているか」である．この質問は，とくに組織の将来についての予想や期待といった「技術的でない」情報の伝達において，組織内のコミュニケーションがどれだけうまく機能するかを問うているので，診断的である．調査対象の詳細には，プッシュ型かプル型か[*27]，誰が対象（受け

[*27] 訳注：プル型は，必要な情報をユーザが能動的に取得するタイプの情報提示方式で，ウェブはその代表例．ユーザの能動的な操作を伴わずに，半強制的に情報を提供する方式がプッシュ型で，ダイレクトメールがその典型例．

手)か，予測は対象にとって興味深くわかりやすい形で説明されているか，どれくらいの頻度で行われるか，特別な注意が払われるか，といったコミュニケーションの形態がありうる．この質問は，コミュニケーションの改善について具体的な提案を容易に与えることができるので，形成的でもある．この場合，他の場合と同様に，そのような提案は実装される前に，意図する効果と意図しない効果の両方の観点から慎重に検討されるべきである．

5.11 レジリエントなパフォーマンスのポテンシャルをマネジメントするために RAG を使う方法

　RAG の用途のために開発された一連の診断的質問は，評価しやすいように系統化する必要がある．そのため，それらの質問は，組織のパフォーマンスとの具体的な関係性や特徴，回答者の経験，組織の文書に記載されていることに関係づけられる必要がある．これは，質問それ自体がレジリエンスのポテンシャルを改善するための介入の基礎となりうるという付加価値を持つことになる．

　RAG の目的は，レジリエントなパフォーマンスのための組織のポテンシャルをマネジメントしたり発展させたりするために利用可能な，組織の明確な特性（つまりプロファイル）を与えることである．RAG は，組織がどのように変化，発展しているかを追跡するために，定期的に適用されることを意図している．ゆえに，RAG は組織的変化を監視するために用いることができる．これは効率的にパフォーマンスがマネジメントできるための前提条件である．

　RAG は，個別のマクロ的能力というよりも，構成機能の観点からポテンシャルを記述する．各構成機能において望ましい変化を起こす方法は，コストや特殊性，リスクなどの観点から評価，開発することができる．4 つのポテンシャルの構成機能は組織ごとに大きく異なる可能性があるため，標準的，一般的解決策はない．しかし，いったんそれらの機能が分析され，目標が定義されると，さまざまな周知のアプローチが適用可能になる．

　このことは，図 5.4 に示した（架空の）例を用いて説明できる．開始基準や

閾値は明確に定義されているか，それらは相対的か絶対的か，対処の終了や"通常"状態に戻る明確な基準はあるか，といった対処方策の開始と終了の機能（表5.2）について考えてみる．4か月目（図5.4）に示された評価では，（スコアは2なので）回答は「許容不可」であった．さらなる調査で，問題は通常状態に再び戻る際の明確な基準がなかったためだとわかったと仮定する．マネジメントはこの回答を具体的な改善や介入の基礎として用いることができる．その結果，8か月目（図5.5）の評価に示されたように，同じ質問に対する回答が「許容可」になる．架空の例ではあるが，この例はRAGを具体的にどのように使うことができるかを示している．

現状のプロファイルが生成されるので，変化をマネジメントするという観点では，RAGは役に立つ．そのようなプロファイルでは，詳細度や解像度は可能な限り高いほうが明らかに望ましい．これは，4つのポテンシャルだけを使うことや，さらには安全文化のレベルやレジリエンスのレベルといったモノリシックな概念を用いることは，あまりにも粗く，不正確である理由となる．また，変化のマネジメントに役立つ他組織との比較もまたそうである．他の組織より良いこととか，あるいは業界のリーダーになることは，それ自体，最終目標（goal）になりえず，ゆえに現実の中間目標（target）にもなりえない．一方，組織のパフォーマンスを意図する方向へ変化させることは中間目標（target）であり，そうすべきである．評価はつねに具体的であるべきなので，ある組織に適合化されたものであるべきである．

まとめると，RAGを用いる際に覚えておくべき5つの重要なポイントがある．

- 組織に適合した一連の診断的，形成的質問を開発すること．これは，組織がどのように機能するかについての十分な経験に基づいていなければならない．そのような経験は，フォーカスグループ，議論グループ，その他の類似の方法を用いて得ることができる．診断的質問を作成する際は，回答カテゴリについて同意しておくことも重要である．組織がどのように機能するかに関して既知の問題事項があるならば，それらの問題を4つのポテンシャルのいずれかに含めるように試みるべきである．

- 4つのポテンシャル間の相互依存性の説明またはモデルを作成すること。これは，RAGによって収集されたデータを解釈し，効果的な対処（是正措置）を行うために必要となる。そのような説明やモデルは，マネジメントの対象となる組織に特化したものである必要がある。（第6章で説明するように）出発点としての一般的なモデルを提案することは可能だが，そのモデルは実際の組織に適合化したものでなければならない。さらに重要なことは，モデルが，4つのポテンシャル間の関係性だけでなく，4つのポテンシャルが診断的質問によって言及されるもっと詳細なサブ機能にどのように依存しているかを表現する必要があることである。
- RAGを回答者，すなわち実際に働いている人々（の一部）に適用すること。結果を照合し，利害関係者と回答者および組織全体に示すこと。結論と，変更が必要な点について議論し，変更をもたらす是正措置を設計すること。
- 一連の評価に対する回答者集団が同じになるように，安定した回答者集団と作業するよう努力すること。RAGの回答を得ることの目的は，回答者内における態度や意見の分布を作成することではなく，回答が表す共通の見解を理解するためである。
- 一回の測定や評価ではなく，長期にわたってRAGを使用し，繰り返し評価が行えるように準備すること。組織のパフォーマンスをマネジメントし，変更することは，パフォーマンスの種類や基準にかかわらず，長期にわたって継続して行う必要がある。

最後に，4つのポテンシャルは相互に関連しているし（第6章），各ポテンシャルに関連するサブ機能群も同じように相互に関連している（第7章）ことを，しっかりと心に留めておくことが重要である。

第6章

RAG―レジリエントなパフォーマンスのモデルへ

　RAG（Resilience Assessment Grid）は，診断的質問を設定していくための基礎を提供するものであり，そのまま使用することは意図していない。診断的質問は，適用対象とする組織にふさわしいものとなるように，適度に明確化したり，再構成することがつねに必要である。

　第5章では，評価を行い，結果を示すための，その方法の原則を概説した。レーダーチャートはさまざまな項目がどのように評価されるかをコンパクトに表現し，ある時点で，4つの主要ポテンシャルのそれぞれについて，組織がどれくらいうまく行っているのかを示すものである。RAGによって，組織がどのくらいうまくやっているかのスナップショットが，根拠をもって示されるものとなる。それは組織がどのように失敗したかのスナップショットである事故調査とは異なるものである。

　レジリエントなパフォーマンスのための4つのポテンシャルが相互依存することは，これまでにも述べてきたところである。これは，4つのポテンシャルの定義（第4章），およびその詳細な記述（第5章）から明らかである[*1]。4つのポテンシャルがどのように相互に依存しているかは，それらをマネジメントする方法に影響を与える。それらを互いに独立してマネジメントすることは明らかに望ましくないし，実際に不可能である。この点で，RAGの利用およびレジリエントなパフォーマンスというまさにその概念は，システムの安全

　[*1] 訳注：組織が外乱や変化に「対処する」ポテンシャルは監視や学習，予見などのアウトカムに影響を受ける，「学習する」ポテンシャルは過去の対処経験に影響を受けるなど，相互作用の影響は明らかである。

(system safety) に対する他の多くのアプローチ—とくに，安全文化に対して何よりも重きを置くアプローチ—とは異なるものである。

組織をマネジメントし，いくつか（あるいは1つ）の基準（レジリエンス，安全，品質，あるいはその他の何であっても）に関するパフォーマンスを効果的に改善するためには，4つのポテンシャルがどのように相互依存するかを理解することが必要である。最初の理解はそれらの定義と記述から導くことができる。しかし，できればその理解は，ある変更を推奨したり，その変更の結果を分析するための参照点として役立つように，より実用的または操作的な形式で与えられるべきである。そのような理解をすることは，（たとえば生産，流通，または輸送といった）組織の第一義的活動に関してではなく，安全，生産性，品質などの特定の側面を，どのように制御し，どこが担い，どのようにマネジメントするのかについての，組織の機能のモデルとして役立つものとなる。

6.1　組織の構造モデル

組織の構造表現あるいは組織のフロー（たとえば情報や制御）記述としての組織モデルは世の中にあふれている。1つ目のタイプは形式的な組織の構造を表し，頂点にブラントエンド（blunt end）（監督者，将軍など），底辺にシャー

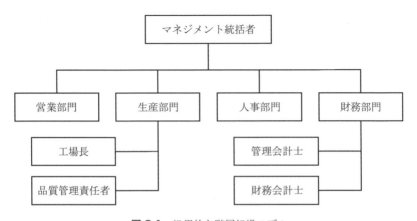

図6.1　汎用的な階層組織モデル

プエンド (sharp end)（労働者，兵士たち）を置くステレオタイプ的な階層モデルである。階層的組織の汎用的モデルを図6.1に示す。このモデルでは，構成要素（図中の長方形）は組織の役割や部門，部署を表す。その関係は上下関係，あるいは誰が誰を監督・制御するのかという序列とすることが一般的である。たとえば，本社製造部門は工場長を制御する一方で，マネジメント統括者 (Managing Director) によって制御される。

2つ目のタイプのモデルは制御（影響，リーダーシップ，情報など）がどのように組織を伝搬するかを示すもので，すべて標準的な入力‒処理‒出力の様式に基づいており，おそらく1つか2つのフィードバックループを有する。図6.2に示される例では，入力は「外的環境」で表現され，出力は「個人と組織のパフォーマンス」によって表される。モデルの構成要素（図中の長方形）は，ここでは組織の部門や部署ではなく，組織のパフォーマンスに必須だと認められている要因を表す。このモデルは，これらの要因が互いに影響しあうことを表すが，組織がどのように機能するかは記述しない。このモデルは「個人と組

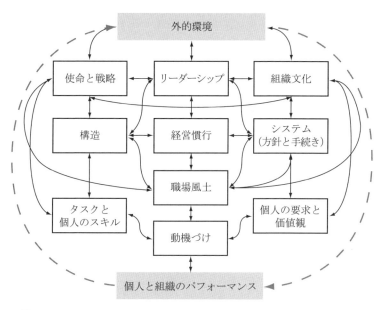

図6.2 組織のパフォーマンスと変化の因果モデル（Burke & Litwin, 1992）

織のパフォーマンス」を記述するが，そのパフォーマンスが何か，すなわち組織の主要な活動が何かについては何も語らない．

3つめのタイプは戦略マップ（strategy map）であり，バランススコアカード（balanced scorecard：BSC）（Kaplan & Norton, 1992）として知られている戦略的経営システム（strategic management system）には不可欠な部分である[*2]。戦略マップは，BSCの4つの目標（財務（financial），顧客（customer），学習（learning），成長（growth））において，明示的な因果関係で戦略目標を相互に結び付けることにより，組織がどのように価値を創造できるかを説明するダイヤグラムである．戦略マップは多くの視点から成る．図6.3においては，「財務（Financial）」「顧客（Customer）」「内部の業務プロセス（Internal Business Process）」「学習と成長（Learning and Growth）」と呼ばれるものが相当する．それぞれの視点は多くの固有の目標を含む．たとえば，「顧客」の視点は「顧客の期待を超える（Exceed customer expectation）」「顧客の企業への忠誠度を刺激する（Inspire loyalty）」と呼ばれる2つの目標を有する．目標は，複数の視点にまたがる戦略的テーマによって垂直にも，また視点を横断して水平にもリンクしうる．戦略的テーマは，戦略が望ましい出力をどのように生むかについての組織の仮説を表す．

[*2] バランススコアカードと戦略マップは，バランススコアカードnavi（http://www.itl-net.com/bsc/index.html）によると以下のように説明されている．
- バランススコアカード
「バランススコアカードは，戦略経営のためのマネジメントシステムです。
バランススコアカードとはビジョンと戦略を明確にすることで，財務数値に表される業績だけではなく，財務以外の経営状況や経営品質から経営を評価し，バランスのとれた業績の評価を行うための手法です。
バランススコアカードを導入することで企業ビジョンの実現・目標の達成を目指し，財務の視点，顧客の視点，業務プロセスの視点，学習と成長の視点の4つの視点から戦略を立てます。」
- 戦略マップ
「戦略マップは目標とビジョンを達成するためのシナリオです。目的を達成するために落とし込まれた各アクションの因果関係や関連を図式化したものです。戦略マップの作成は，戦略の全体像を把握することができ，戦略策定の意義を認識するために非常に有効です。」

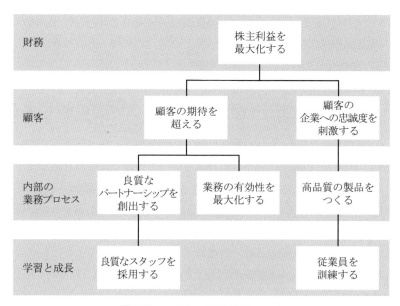

図 6.3　一般的な BSC 戦略マップ

　従来の構造モデルの主な欠点は，それらがしばしば要因と呼ばれるもの（図 6.2 においては使命と戦略，経営慣行，動機づけのように多様なもの）の固定的な構造体または組織体として対象を記述していることである。構造モデルは組織の主要部分や構成要素を明らかにし，さまざまな構成要素がどのように結びついたり接続されたりするかを示す。図 6.1 では，「財務部門（Finance）」は「管理会計士（Management Accountant）」と「金融会計士（Financial Accountant）」に接続される。つまり，前者が後者 2 つを制御している（あるいは担当している）ということである。図 6.2 では，「タスクと個人のスキル（Task & individual skill）」は「使命と戦略（Mission & strategy）」「構造（Structure）」「動機づけ（Motivation）」と接続する。図 6.3 では，「高品質の製品をつくる（Create high-quality product）」は「顧客の企業への忠誠度を刺激する（Inspire loyalty）」と「従業員を訓練する（Train employee）」の両方にリンクされる。しかし，接続関係または"矢印"は，どのような影響または接続がありうるかに関しての詳細を与えるものではなく，2 つの構成要素が何らかの形で相互依存

することを示すだけである（両方向の矢印でも状況は改善されない．確かにそれらは影響が両方向に向かうことを示す．では，これは一方の影響がもう一方の影響の逆作用であることを意味するだろうか？）．

6.2 組織がどのように働くかについての機能モデル

　上記の問題点を回避する代替策は，部分や構成要素（組織的構造）ではなく機能を説明し，どの機能が互いに依存するか，また依存関係がどのような形式をとるかを明らかにするモデルを開発することである．RAG の場合，レジリエントなパフォーマンスのための 4 つのポテンシャルから出発するのが自然である．ポテンシャルは組織が何かを行う能力（ability）を表しているので，ポテンシャルを機能の表現とみなすのはごく自然なことである．たとえば対処するポテンシャルは，対処する機能として表現され，形式的には〈対処すること（To respond）〉と呼ばれる機能として表現できる．同じことは他の 3 つのポテンシャルにもあてはまる．

　機能共鳴解析手法（FRAM）（Hollnagel, 2012）は，組織がどのように働くかの機能モデルを産出する体系的な方法を提供する―本書の場合は，4 つのポテンシャルを 4 つの機能を表すものとみなすことから始める（FRAM の入門的解説は，本書の終わりに示す）．基本となる原理は，その機能が何かではなく，それが何を行うかを記述することである．すなわち，機能は，アウトカムまたは出力（output），およびその出力を生み出すために必要なものによって記述される．したがって，機能の記述は典型的にはその入力（Input）と出力（Output）を含むが，前提条件（Precondition），リソース（Resource），制御（Control）および時間（Time）と呼ばれる 4 つの側面（aspect）をさらに含むこともある．前提条件は，機能が始まる前に真であるかまたは検証されたはずのものを表し，リソースは，機能が実行されている間に必要とされたり消費されるものを表す．また，制御は機能の実行中にそれを管理または規制するものを，時間は，時間や時間的条件がある機能が実行される際に影響を及ぼすありかたを表す．（以降の記述では，FRAM の構文規則に従い，機能名は〈対処する〉のように山括弧内に書き，側面は［重点領域（Priority area）］のように角

括弧内に書く。）

機能としての 4 つのポテンシャル

　機能〈対処する〉―より正確には〈対処すること（To respond）〉―は，与えられた状況で組織が行う事柄を表す。したがって，機能の出力は単純に［対処方策］，つまり状況の制御を取り戻すために組織が講ずる処置である。機能〈対処する〉は，まずその対処方策のための条件かトリガーを表すいくつかの入力を必要とする。この例では，2 つの主な入力は外部プロセスから来る［中断］と機能〈監視する〉から来る［警報］である（図 6.4 には示されていないが，さらに考えられる入力としては，たとえば〈生産をマネジメントする〉と呼ばれる機能からの出力である［新しい要求］もありうる）。外部プロセスは，組織の運営環境において起こることと組織の主要な活動のなかで生じることに加えて，組織の運営環境において起こることを表している。この状況は，このモデルでは，たとえば〈主要機能を実行する〉と呼ばれる単一の機能に包含されることもありうる。

　FRAM によって規定された形式を用いると，機能〈対処する〉は表 6.1 のように表現される（表 6.1）。

表6.1　対処するポテンシャルの FRAM 表現

機能名	対処する
記述	起きていること，起こるかもしれないことに対処する組織の能力
側面	側面の記述
入力	警報 中断
出力	対処方策
前提条件	（なし）
リソース	（なし）
制御	（なし）
時間	（なし）

機能〈監視する〉は，組織がその組織内だけでなく運営環境で起こっていることの理解も維持する活動を表す（上述したように，〈監視する〉からの一つの重要な出力は，機能〈対処する〉への入力として働く［警報］である）。もう一つの考えられる出力は警戒（alert）かもしれないが，モデルの最初の反復構成（iteration）のなかでこれらを考慮する必要はない。機能〈監視する〉への入力は，組織が監視する主要機能からの関連指標（relevant indicator）と測定（measurement）である。一つの例は，どのように外部プロセスが展開するように見えるかを特徴づける［プロセスのトレンド］かもしれず，機能〈主要機能を実行する〉によって表される。監視も計画され，マネジメントされ，制御されなければならない。〈監視する〉のための制御は，機能〈予見する〉からの知覚可能な出力の一つである［重点領域］である可能性がある。最後に，〈監視する〉は，時間に関する側面であって［サンプリング頻度］と呼ばれる「時間」を有する場合もある。それは，指標をどのくらいの頻度で読み取らなければならないかを規定する。［サンプリング頻度］は当然，機能〈学習する〉からの出力でありうる。

FRAMにより規定される形式を用いると，機能〈監視する〉は表6.2のように表現される。

表6.2　監視するポテンシャルのFRAM表現

機能名	監視する
記述	組織の周囲や内部で生じることを監視する能力
側面	側面の記述
入力	プロセスのトレンド
出力	警報
前提条件	（なし）
リソース	（なし）
制御	重点領域，教訓
時間	サンプリング頻度

機能〈学習する〉は，利用可能な経験を収集し使用するために組織が行うことを表す。学習するポテンシャルは明らかに多くの事柄を含むが，モデルの最

初の反復構成では単一の機能でポテンシャルを表すのが合理的である。〈学習する〉への主要な入力は，もちろん〈対処する〉からの出力である［対処方策］である。一般に組織は，対処がどのくらい成功したかを判断するために［対処方策］を評価（evaluate）する。この評価は多くの場合，対処が期待される結果とならないときに行われるが，対処がうまくいくときにも評価を行うことが同様に重要である。この評価からの一つの出力は，単純に［教訓］と呼ぶことができる。次に，［教訓］は〈監視する〉の制御だけでなく，〈予見する〉への不可欠な入力でもありうる。〈学習する〉からのもう一つの出力は，〈監視する〉への時間の入力である［サンプリング頻度］ともなりうる。

FRAMにより規定された形式を用いると，機能〈学習する〉は表6.3のように表現される。

表6.3　学習するポテンシャルのFRAM表現

機能名	学習する
記述	組織の学習する能力
側面	側面の記述
入力	対処方策
出力	教訓，サンプリング頻度
前提条件	（なし）
リソース	（なし）
制御	（なし）
時間	結果が現れるまでの時間（Latency of result）

最後に，機能〈予見する〉は，今後何が起こりうるかを組織が考える方法を表す。〈予見する〉への一つの重要な入力は明らかに［教訓］であり，これらは何がうまくいって何がうまくいかなかったかを要約する。〈予見する〉からの結果または出力の一つが［重点領域］であることはすでに言及されており，次に機能〈監視する〉を管理または制御するために使用できる。

FRAMにより規定された形式を用いると，機能〈予見する〉は表6.4のように表現される。

表 6.4　予見するポテンシャルの FRAM 表現

機能名	予見する
記述	将来何が生じるか予見する組織の能力
側面	側面の記述
入力	教訓
出力	重点領域
前提条件	（なし）
リソース	（なし）
制御	（なし）
時間	（なし）

　4つの基本機能〈対処する〉〈監視する〉〈学習する〉〈予見する〉に加えて，最初の反復構成では，〈主要機能を実行する〉と〈制御を取り戻す〉と呼ばれる2つの機能も導入した。どちらも合理的である。一方の〈主要機能を実行する〉という背景機能（background function）は，それが物質かサービスかにかかわらず，組織が実際に行ったり，産出したりするものを表す。もう一方の背景機能〈制御を取り戻す〉は，状況を制御下に至らせるように機能する対処方策によって定義される活動を表す。2つの新しい機能の論理的根拠は，機能（この場合は4つの基本機能）のために定義されるすべての側面が，どこかから来てどこかへ行くことである。無から生じるものはないし，消えてなくなるものもない。FRAM は，1つの側面はつねに最低2つの機能と関連しなければならないと規定する。その側面が出力として定義される最低1つの機能が存在しなくてはならず，また，その側面が入力，前提条件，リソース，制御，時間として用いられるための，最低1つの他の機能が存在しなくてはならない。

　FRAM の用語では，2つの新しい機能は，当初は背景機能として分類され，それらは表6.5，表6.6のように記述できる。

　2つの新機能の導入によって，モデルの最初の反復構成が完了する。機能としての4つのポテンシャルについて，意図的に単純化した分析の結果を図6.4に示す（FRAM では，機能は六角形で表される）。基本的な FRAM モデルのグラフィカル表現は4つの機能（レジリエンスの4つのポテンシャルを表す）の

表 6.5 ＜主要機能を実行する＞の FRAM 表現

機能名	主要機能を実行する
記述	ある要請を満たすことは，通常の生産活動に加えて，ある対処をするニーズを生み出す，一般的な背景機能である。
側面	側面の記述
入力	（なし）
出力	中断 プロセスのトレンド
前提条件	（なし）
リソース	（なし）
制御	（なし）
時間	（なし）

表 6.6 ＜制御を取り戻す＞の FRAM 表現

機能名	制御を取り戻す
記述	その対処方策がシステムの制御を再構築する（内部／外部の発展）
側面	側面の記述
入力	対処方策
出力	（なし）
前提条件	（なし）
リソース	（なし）
制御	（なし）
時間	（なし）

基本的な相互依存のしかたを表し，それゆえ，組織がどのように働くかの理解を深める最初のステップを表す．モデルのこの最初のバージョンからだけでも，4 つのポテンシャルを互いに独立に管理するのは得策でないことは明らかである．変化や改善のためのどのような提案も，1 つの機能あるいはポテンシャルの変化がその他の機能やポテンシャルにとってどのような意味があるか考えるべきである．たとえば，機能〈監視する〉に対応する監視するポテンシ

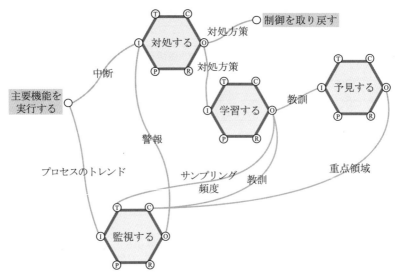

図 6.4　FRAM を用いた 4 つの能力の基本モデル

ャルについて考えてみる。表 5.4 の汎用的質問のうち 1 つ以上への回答が，監視のしかたを改善する必要性があることを示すとしよう。これは，監視の実行方法を，たとえば頻度または感度の点から変更することにより達成されるかもしれないし，さらに，監視が着目すべき指標のリストの改訂により達成されるかもしれない。そのリストは本質的には〈予見する〉からの出力である［重点領域］であるから，監視の改善は予見のありかたを考慮に入れるべきであることを意味する。

　図 6.4 において，FRAM モデルの機能は 4 つの六角形により示される（この表現では，背景機能は影のついた長方形で示される）。個々の機能は，機能の働きかたに影響するかもしれない 6 つの側面によってだけでなく，機能名に対応している，それが行うことによっても記述される。しかし，それぞれの機能において，6 つすべての側面について記述する必要はない。6 つの側面は六角形の 6 つの頂点にある文字（入力（I），出力（O），前提条件（P），リソース（R），制御（C），時間（T））によって表される。FRAM の体系化を解説するために，基本モデルでは 4 つのポテンシャルを表す 4 つの機能の入力と出力を主

に示してきた。しかし基本モデルは，より詳細な，それゆえより現実的なモデルのための出発点にすぎない。

6.3 詳細モデル（detailed model）

基本の FRAM モデルは，その機能の各々を詳細に考慮することによりさらに発展させることができる。多くの場合には，考慮されるべき機能が追加的に導入される。モデルの最初の反復構成でさえ上述のように 2 つの機能の追加を必要とした（どこまでいくのか読者が悩み始めないように，分析方法には停止規則が組み込まれている）。図 6.4 に示される基本モデルの拡張について，機能〈学習する〉に着目して例示する。モデルを完成させるためには，もちろん他の 3 つの機能も拡張しなければならないが，これは読者の練習問題としておく（しかし，考えられる解答の一つを図 6.6 に示す）。拡張は，機能の 6 つの側面を考慮することによって行われる。これは原則として任意の順で行われる。

- 出力：〈学習する〉からの主な出力は［教訓］である。これは最初の反復構成で一般的な用語として用いられたが，たとえば何がうまくいったか，いかなかったかに関するものとか，最もうまく［教訓］を使える方法（デザイン，手順，トレーニング，通信など）に関するものなど，異なるタイプの学習の出力として規定されうる。モデルの発展にとってより興味深い問題は，他のどの機能が〈学習する〉の出力を利用したり依存したりするかである。〈監視する〉を制御するために，また〈予見する〉への主要な入力として，［教訓］がまず用いられる場合もあろう。また，［教訓］は他の 2 つの機能への入力でもありうる。一つは〈指標リストを更新する〉と呼ばれるもので，次に〈監視する〉を制御する一連の［重要パフォーマンス評価指標（key performance indicator）］を生成するために［教訓］を使うことができる。もう一つは〈対処と監視を更新/改訂する〉と呼ばれ，〈監視する〉を制御する［監視戦略］をきちんと遂行するだけでなく，〈対処する〉を制御する［計画と手続き］を生成するために［教訓］を使うこともできる。すでに述べたように，〈学習

する〉からのもう一つの重要な出力は，〈監視する〉が行われる頻度を規定する［サンプリング頻度］である。

- リソース：学習するためには，リソースが利用可能である必要がある。一般的な用語では，これらは［スタッフと設備（Staff and equipment)］と呼ばれよう（モデルが特定の組織のために開発されている場合，当然，リソースはより正確に記述できる）。リソースはどこかから来なければならない。つまり，1つ以上の他の機能の出力でなければならない。本検討では，リソースは〈業務実行能力をマネジメントする（Manage operational capability)〉と呼ばれる機能によってもたらされると仮定される。ある側面，この場合は〈スタッフと設備〉の起点を特定できないと不完全なモデルになるだろう。

- 制御：組織の学習は，体系的かつ計画的になされなければならず，それゆえ制御されねばならない。制御のある一部は［学習戦略］であり，学習がいつ，どのように行われるかを記述する。また，他の一部は［事業戦略］であり，学習のための優先事項を設定する。前者は〈業務実行の即応性を保証する〉機能からの出力と見ることができ，後者は〈事業戦略を策定する〉機能からの出力となろう。どちらも最初は背景機能として設定される（別の可能性としては，［事業戦略］を〈予見する〉からの出力として定義することもあろう）。

- 時間：時間とともに変化してしまった事柄からの学習を避けるために，理想的には，状況が安定した状態に到達したときに学習が起こるべきである。効果的であるためには，安定した状況が確立する前に〈学習する〉が起こらないように，ふさわしいときを選ばなければならない。この時間的な条件は〈平衡状態に到達する〉機能からの出力として提示される［結果が現れるまでの時間］と関連する。後者は，一時的な妨害を落ち着かせ平衡状態に達するために必要となる多くのもののための単なる時間調整（placeholder）である。

- 入力：〈学習する〉への主要な入力は，具体的なイベントへの［対処方策］と［プロセスのトレンド］であると仮定される。［プロセスのトレンド］が〈主要機能を実行する〉一般的な機能からの出力と見なせる一方，

［対処方策］はすでに〈対処する〉からの出力として導入されている。

多くの機能には，いくつかの定義された前提条件，すなわち機能の実行に先立って満たされなければならない条件がある。目下の〈学習する〉の例では，特別な前提条件はとくに仮定されていない。

全体として，基本モデルのこの拡張により，機能〈学習する〉が他の3つの主要機能だけではなく，未定義の9つの機能にも結合されることが示される。9つの新しい機能は，〈学習する〉からの出力—あるいはポテンシャルとしての出力—がどのように使われるか，また〈学習する〉に必要なさまざまな入力と条件の由来を説明している。学習する能力の詳細モデル（あるいは，もっと正確にはより詳細なモデルの最初の反復構成版）を図6.5に示す。

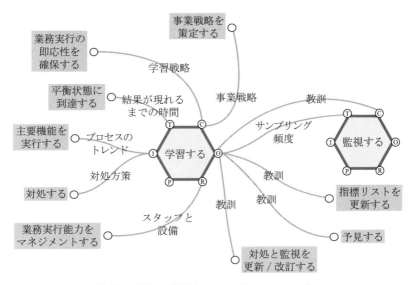

図6.5　機能＜学習する＞の詳細FRAMモデル

6.4　モデルの最終形（complete model）

他の3つの能力，すなわち〈対処する〉〈監視する〉〈予見する〉の機能にも同じ手続きが実行できる。個々の機能において，考えられる入力，出力，前提

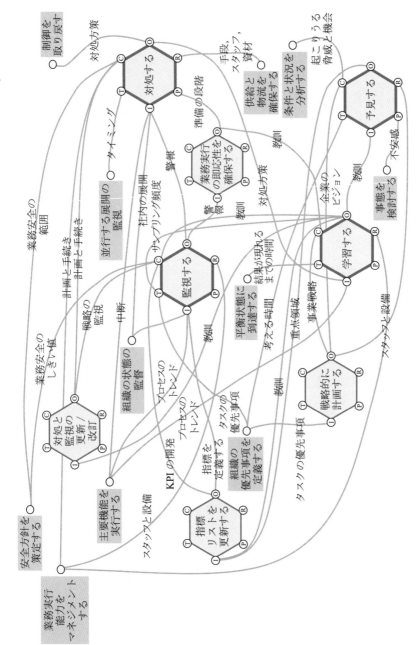

図 6.6 レジリエンスポテンシャルの詳細な FRAM モデル

条件，リソース，制御，時間にそれぞれ関係するものが慎重に検討されるべきである。この検討は，モデルを一貫したものにするのに必要な他の多くの機能の定義に結びつく場合もあろう。すでにこれらのうちのいくつかは定義されているかもしれないが，そうではないものもある。全体の手続きについては付録で説明する。考えられる結果を図 6.6 に示す。これは 4 つのポテンシャルがどのように相互依存するかの最終モデルではないが，そのような依存関係の汎用モデルをどのように展開できるかを示し，それによってある組織がどのようにレジリエンスポテンシャルを発展させ維持しうるかの（文字どおりの）全体像を提供する。それが最終モデルでなく汎用モデルである理由は，単に，それが特定の組織でなく，「常識的（common sense）」依存関係を説明しているということである。「常識的」依存関係はすべて実際の経験に基づき，それらの多くは実践の場で見つかるかもしれない。しかし，RAG の実際の適用は汎用モデルではなく，特定のモデルに基づいてなされねばならない。

6.5 レジリエンスポテンシャルの汎用モデル

　図 6.6 のモデルは，4 つのポテンシャルがどのように機能的に相互依存し，機能とみなされる 4 つのポテンシャルが他の多数の機能をどのように必要とするかを示している。しかし，4 つのポテンシャルは汎用的であり，組織のレジリエントなパフォーマンスの能力の実用的な評価が行えるレベルを表していない。それらは，運用モデル，または組織の記述がなされるレベル，または実際のマネジメントが行われるレベルを表していない。

　それを実現するためには，特定の組織および特定の状況への関係づけが必要である。それは，4 つのポテンシャルが診断的質問によって実際に評価されるのと同じ方法で，より多くの具体的で詳細な記述を提供することができるだろう。ちょうど質問を着目する組織に適合させねばならないように，機能モデル（functional model）も組織に適合させるべきである。

　それでも汎用モデルは，レジリエントなパフォーマンスのためのポテンシャルをマネジメントするための手掛かりや対応について考えるのには役立つ。つまり，それらが適切に働くために要求するであろうこと，およびそれらが与え

るかもしれない二次的あるいは派生する結果の種類についてである。4つのポテンシャルのどれか，あるいは4つのポテンシャルを構成する多くのサブ機能を一つずつマネジメントしようとするのは得策でなく，非効率的になるであろうことは，全体モデルを見れば明らかである。モデルは，それらの重要性だけでなく，能力の発揮に必要な依存関係をコンパクトに表現するので，特定の診断的質問を定義し改良するための基礎として機能することができる。

第7章

レジリエンスポテンシャルの発展

　組織のパフォーマンスを変えるといっても，それは決して一筋縄でいくものではない。第1の壁は，組織が「内部で」どのように機能しているか理解するのは容易ではないということにある。組織のパフォーマンスを変えるため，または単に組織をマネジメントするためにしても，組織についての何らかのモデル，すなわち全体として組織のパフォーマンスを生み出す組織的プロセスや「メカニズム」を記述するわかりやすいモデルがなくてはならない。ほとんどのモデルは，特定の機能ではなく汎用的な機能を対象としていること，また内部の依存関係を詳細に説明したり記述したりすることができないことから，それらのモデルの記述内容は仕様として不十分である。汎用的なモデルの典型として単純なフローチャートのモデルがあるが，フローの本質を詳しく規定することはほとんどなく，構成要素の構造表現も階層かネットワークのいずれかである（図6.1および図6.2参照）。特化されたモデルはたいてい，組織が実際にどのように機能するかではなく，役職および部門の関係を表す組織図という形をとる。しかし，このようなモデルがあっても，変化によって生じるかもしれない結果を私たちがそこから推論することは，心理的にも認知的にも難しい。なぜなら，人の推論というものは，単純な一次効果（端的な因果関係）しか通常は捉えることができず，間接的な二次効果や複雑な交互作用によって生じる想定外の結果を都合よく無視してしまうからである。そして，構成要素間の交互作用を単純に線形的に表したモデルの場合，組織がどのように機能するかについて十分に説明できず，したがって，変化に対する計画策定やマネジメントの基盤としてはほとんど役に立たない。

　次に，第2のさらに重大な壁がある。組織がどのように挙動するのか，さら

にその組織が安全性，品質，生産性，顧客満足度，利用可能性といった指標についてどの程度良好な結果を示しているのかを決定づけているものは，より正確にいえば何なのか，という疑問がその壁である。これはもちろん，先に述べた第1の壁と無関係ではなく，とくにその組織のモデルが単なる構造の記述を超えて「原因」や「メカニズム」といったものまで含んでいるならばなおさら無関係ではない。組織のパフォーマンスを左右するものは何であるのかを理解することは，経営および統制においては欠くことのできない条件であり，極めて重要である。これについては1950年代，サイバネティクスにおいて「必要な多様性の法則（Law of Requisite Variety)」(Ashby, 1956）として定式化されている。「必要な多様性の法則」は，規制や制御といった問題に関するもので，制御する側の多様性は制御されるシステム側の多様性に適合していなければならないという原則を示すものである。したがって，もし制御する側の多様性がシステム側の多様性より小さいならば，効果的な統制は不可能になる。これは，「システムの良好な制御系は，そのシステムのモデルであらねばならない」(Conant and Ashby, 1970）と表現されることもある。

もちろん，組織がどのぐらいの（よい）パフォーマンスを発揮するかは，その組織のなかの人間がどのぐらい（うまく）業務を遂行するかと切り離して考えることはできない。組織とは何かを定義する術は多くあるが，いずれにも共通するのは，組織とは集団的目標に向かって共に働く人々の集まりであるという点である（実際，無人の工場のように誰もおらず，ただ物理的構造物のみがある場合には，組織のパフォーマンスなどは存在しない)。通常，集団は，継続的な活動により目的に向かって貢献することを前提に組織されている。組織の目的とは，ユニット間，グループ間の機能と責任をマネジメントし，リソースの配分を最適化し，そして長期にわたってパフォーマンスを監視し，調整することである。したがって，組織のパフォーマンスは根本的に，組織内の人間のパフォーマンスに依存する。

このことから，組織のパフォーマンスを変化させるやりかたに関して，異なる3つの見かたがあることになる。一つの見かたは，人が何をするかは組織または組織の核となる特徴，とりわけ組織文化やその変種によって決まるというものである。この見かたから得られる論理的結論は，人のパフォーマンスを変

える最良の方法は，組織文化，とくに「当社における安全な業務のやりかた」としての安全文化を変えることであるというものである．この場合，組織に焦点を当ててそれを変えようとすることが解決策となる．もう一つの見かたは，組織のパフォーマンスは，そこに所属する個人のパフォーマンスの累積的または集合的（結合的）効果として理解すべきというものである．この場合，個人のパフォーマンスを変えていくアプローチが解決策になる．

第 3 の見かたは，組織のパフォーマンスと個人のパフォーマンスは密接に絡み合っており，両者を別々に議論することはナンセンスだというものである．レジリエンスエンジニアリングではこの見かたをとっている．

7.1 組織文化を変える（第 1 の方法）

組織文化を重要な問題として注目することもまた，モノリシックな思考方法，理論として見ることができる．組織のパフォーマンスを単独の要因や原因で説明し，それを変えることだけに焦点を当てればよいのであれば，それは確かに簡単である．もし文化で何でも説明できるのであれば，現場を変えるために文化をどうにかするほうが，その逆のことをするよりも効果的（かつ簡単）であろう．このことが，安全探求の旅（safety journey）の背景的根拠となっており，また，人々の「感情と理性（heart and mind：H&M）」（Parker, Lawrie and Hudson, 2006）をつかみ，彼らの態度を変えていくことで安全を成就しようという枠組みの背景的根拠にもなっている．残念ながら，このアプローチでの成功と一般に言われているものは，実は誤ったアナロジーに基づいている．「H&M」の考えかたは，もともとは禁煙キャンペーンに端を発している（Prochaska and DiClemente, 1983）．喫煙はそもそも個人が行う行為で，そこには規則による（あるいは規制された）パフォーマンスといった性質はほとんどなく，変えられる可能性もほとんどない．（「H&M」は信奉される価値（espoused value）のようなものと解釈する見かたもあるかもしれない．その見かたをとるならばある程度の合理性がありえようが，それは支持者たちが主張していることでもない．実際のところ，彼らは喫煙は複合的あるいは複数要因が重なった問題であることを考えようとしないまま，モノリシックで都合の良

い考えかたにとらわれている。）

　「H&M」によるアナロジーがやっかいなのは，この考えかたが一般に使われる場合には単純すぎることである。喫煙するかしないかは複雑な話ではなく，単なる一つの行為とされている。つまり喫煙するかしないかの意思決定は複雑ではなく，たとえ社会的圧力があるとしても，物事をするかしないかという一つの意思決定であると仮定されている。この意思決定は，個人的な嗜好や態度によるもので，それゆえ，もしその態度が変えられたなら人は喫煙をやめるだろうという仮定が合理的に見える。

　このアナロジーこそが誤解を招くのである。なぜなら，日々の仕事は何かをするとかしないとかといった問題に帰結させられるものではない。日々の仕事において二者択一の状況などめったにない。日々の仕事はむしろ，自然主義的意思決定（naturalistic decision making）あるいは認識主導型意思決定（recognition-primed decision making）におけるように，何をすべきかを知るために状況の意味を理解して，何かをする機会や選択肢をつくり出すことである。それは，物事をするかしないかという問題ではなく，どのようにするかという問題なのだ。もっと言えば，物事をどのようにするかを考えること，それは（タバコに火をつけるというような）独立した行為ではなく，文脈の上に存在する事柄，連続した事柄の一部である。喫煙が仕事の一部であることはまずなく，むしろ仕事の中断である。しかし，行為，つまり日々の仕事の各ステップは，まさしくその性質からして何らかの一部であり，独立したものではない。我々はそれらを個々のステップとは考えない。

　これが，「H&M」のアナロジーがうまく当てはまらない理由である。同じ理由で，モノリシックな考えかたにとらわれて単独の支配的要因だけを想定する他のアプローチ，方法あるいは解決策は，いずれもうまくいかないと考えられる。我々の仕事を構成する一体の各行為は，態度や信念ばかりに基づいて意思決定されているわけではない。それらは，仕事のなかでの現実的で実務的な必要性によって意思決定されている。したがって，人の行動を変えたいとき，彼らの価値観（H&M）を変えることが何よりもまず第一の解決策だと考えてはいけない。人の行動を変えることができるのは，仕事を左右する要素，すなわち彼らがそうする理由となっている事柄を変えることによる。その要素とし

て，需要とリソースのバランス，職場環境やインタフェースのデザイン，活動がどう支援されたり妨害されたりしているのか，手順書やガイドラインで定められている事柄，さらに仲間からの期待，そしてもちろん各人の態度もそれに含まれるであろうが，いずれにせよ，その要素が態度のみであるということはありえない。実際，実践が変われば態度も変わるという仮説は立っても，その逆はない。

7.2 実践を変える（第2の方法）

　文化を変えることに代わる別の選択肢として，実践を変えるということがある。一つのアプローチは，個人に注目し，何が人をそうさせているのかに注目することである。これについてはすでに第3章で述べており，そこでは（一組織における）個人の行動に関する多くの理論を紹介した。

　人は自分の行動について反省するので，実践の変化はしだいに態度，価値観，想定の変化にもつながっていく。実践を変えるほうが態度や価値観を変えるよりずっと簡単であり，また，それがうまくいっているかどうかもずっと簡単にわかる（効果は間接的ではなく直接的であるため）という点で好都合である。レジリエンスポテンシャルを築いていく上で，変化というものは，人々が，また人々を通じて組織が，対処し，監視し，学習し，予見することに至る道のりである。

　しかしながら，個人のパフォーマンスは，そのときの状況や業務の条件あるいは社会的な環境から独立しているわけではない。人のパフォーマンスを変えるためにはまず，その人が，自分自身のパフォーマンス，周囲の人（作業グループや近くの共同作業者）のパフォーマンス，さらに組織のパフォーマンスをどう理解しているのかを知らなければならない。どのような状況でも，人は目的とする結果が確実に得られるよう，そのために正しいと思うことをするだろう。ここでいう結果の一つは，もちろんその活動の事実としてのアウトカムや成果である。しかしそれ以外にも，他者（同僚や仲間，おそらく上司も）の受容や承認のようなものもある。人は普通，一般的に期待されているパフォーマンスに対して，それが他者を傷つけたり恐怖や不安を与えたりするものでな

い限り，それに応えるよう努める。この「他者」については，仲間だけではなく上位者も含むと考えてよいし，さらに「組織」それ自体まで広げて考えてもよいだろう。後者の場合は，当然，実際の反応というより，それがどのような反応になりそうかについてのその人の想像になる。また，どのような反応になりそうかについてのその人の想像や期待は，ある意味では信奉される価値そのものでもある。なぜなら，安全文化の一般的な定義がそうであるように，それらは「いまここでどうすればよいか」についての受容されている規範を表すものだからである。組織のパフォーマンスを正確に理解することは，組織を特徴づける共通の価値観（共有された基本的仮定），そしておそらく，合理的に考えうる組織文化の観念に最も近いものに目を向けさせることにつながる。実際，人が自分のパフォーマンスを個人的なパフォーマンスとして理解するとき，その人の目標や期待（基準もしくは要求水準）に目を向けることになるが，その人のパフォーマンスを組織の状況や，より大きな統一体または共通善（common good）という背景のなかで理解するのであれば，何らかの共有価値，共有規範にまで目を向けざるをえない。社会的規範は，各人が何をするかを自分の判断で決めるときの参考になるだけでなく，人が他者に何を期待するのかの基準にもなる。

7.3 第3の方法

　物事をシンプルな選択肢で考えてよいのであれば，たやすい話である。一つの方法は，個人のパフォーマンスは組織文化（安全文化でもレジリエンス文化でもよい）によって変えられるというもので，もう一つの方法は，組織文化は個人のパフォーマンスやふるまいをどうにかすることで変えられるというものである。しかし，これら2つの選択肢の併記だけというのは，真実としては少々シンプルすぎ，うますぎる話である。第3章で結論づけたように，人の行動を変えるには組織文化を変えるだけでは不十分である。実際，安全文化にしてもその他どのような要因にしても，それ単独では十分ではない。モノリシックな考えかたは，認知的には魅力的だが，極めて不正確でもある。組織文化というのは，単一または一体化された概念ではなく，少なくとも3つの部分，す

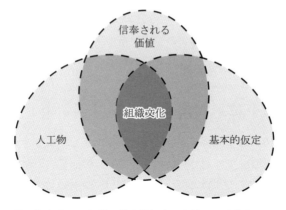

図 7.1　人工物，信奉される価値，基本的仮定が交差した積集合としての組織文化

なわち人工物，信奉される価値，そして共有された基本的仮定に区別して考えなければならないものとされる（Schein, 1990）。組織文化は，そのうちの一つの要因として考えるのではなく，図 7.1 に示すように，これらの要因が交差した部分として理解しなければならない。

図 7.1 は組織文化を，人工物，信奉される価値，そして共有された基本的仮定の交差する部分として表しており，単純でモノリシックな概念ではなく合成された概念であることを示している。一方で，図 7.1 では，人工物，信奉される価値，共有された基本的仮定という各構成部分がどのように連携しているのかは明確になっておらず，組織文化のモデルとはいえない。このため，この図を，組織を変えることをプランニングしたりマネジメントしたりするための基盤として直接的に使うことはできない。

第 5 章では，組織がどうすればレジリエントにパフォーマンスを発揮できるのかについての汎用的モデルの出発点として，4 つのポテンシャルが使えることを示した。もちろんこれは，組織が一般的な意味でどうパフォーマンスを維持していけるのかについてのモデルであり，何をする組織か，何を提供する組織かということ，たとえば病院なのか，カフェなのか，旅客フェリーなのか，スーパーマーケットなのか，あるいは石油掘削リグなのかを表すモデルではない。このため，このモデルは，組織がどのように主要な活動をマネジメントす

るのかを表すモデルで補完したり組み合わせたりして使う必要がある。これは，第6章で示した共通的なモデル型のうちの一つを使ってもできるが，それとは別に機能モデルを使うことも有効である。これには FRAM が適している。

7.4 「機能不全」組織と「レジリエント」な組織

　組織がどのようにしてレジリエンスポテンシャルを構築できるかを考える手始めに，2つの極端なケース，すなわち，うまく機能しない組織（「機能不全」組織）とうまく機能する組織（「レジリエント」な組織）を考えてみたい。

- 第1のケースは，従来的なやりかたで事業を運営している組織に代表されるもので，彼らがレジリエントなパフォーマンスとして唯一「主張」できるのは，何か（想定外の）ことが起きても対処できるということである。そのような組織は想像できるが（「大きすぎてつぶせない」金融機関など），従来どおりの対処策で十分に間に合うほぼ安定した業務環境にでもいないかぎり，永くは存続できない。機能不全組織が何かに対処する場合は，型にはまったやりかたで対処するだけである。そのような組織には監視し，学習し，予見するポテンシャルが欠けている。（効果的な）監視ができないということは，何か起きても何の準備もできていないため，すべてはサプライズになってしまう。業務環境が安定しているため，組織は少しずつサプライズに慣れてしまい，どのような対処が必要かを初歩的な意味でしか学習しない。適切に学習しない組織の対処策は，たとえそれらがほとんど条件反射のように巧みに遂行されるようになったとしても，当初のレベル止まりである。対処するポテンシャルは基本的に重要なものである。なぜなら，適切な有効さで対処できない組織（システム，有機体）は，遅かれ早かれダメになるか，もしくは多くの場合，文字どおり「死ぬ」ことになるからである。
- 第2のケースは，対処し，監視し，予見するポテンシャルを持っている組織の場合である。「レジリエント」な組織は効果的かつ柔軟に対処する。そのような組織は，事業環境だけでなく自分たちの内部について

も何が起こっているのかに気づくことができる。また，過去の経験から効果的に学習することができ，現在起こっている状況だけでなく起こりうる状況や「未来」についても考えることができる。さらに，それらすべてを十分に満足できるレベルで実施すること，また必要とされる活動努力やリソースを適切にマネジメントすることができる。このような組織は決して自己満足することがない。なぜなら，未来は不確実であることをわかっているし，また不確実であるという感覚を持ち続け，自己満足に陥らないことが有利であることをしっかりとわかっているからである。

　これら2つの極端なケースを考えると，組織にとって極めて重要な問題は，機能不全組織に陥らないためにはどのように現場におけるレジリエンスポテンシャルを高めればよいのかということである。一つの見かたは，考慮しなければならないポテンシャルは4つあるのだから，答えとしてはそれらすべてをできるだけ発展させるべきだというものであろう。ただこの場合，それら4つについて一度に並行して発展させるのがよいのか，それとも一つずつ改善していくのがよいのか，その場合に優先順位はあるのかという問題が生じる。実際のところ，それら4つすべてを同時に考慮するのは無理であろう。なぜなら，あまりに過大なリソース（人的および金銭的）が必要となるからであり，また4つのポテンシャルは互いに大きく異なっていてまったく異なる「速さ」で「成長」あるいは発達するからであり，さらに各ポテンシャルの相対的な重要さは組織の特徴にもよるからである。また，各ポテンシャル一つ一つにやみくもに取り組んでいくのも，それらは相互依存関係にあったり組み合わさったりしているので（第6章および図6.4参照）適当ではない。しかし，この場合，相互依存関係にあることは制約でなくメリットになる。なぜなら，そのような相互依存関係は，より理に適った，それゆえ最も効果的な，レジリエンスポテンシャルを発展させる戦略を提案するために利用できるからである。

　最悪の場合は，対処するポテンシャルはあるが他の3つのポテンシャルはない機能不全組織の状態から，レジリエンスポテンシャルを発展させはじめなければならない。さらに極端な場合，すなわち周りで何が起きていようと気づか

ない鈍感な組織を想定することもできる。どちらのタイプの組織も理論的にはありうるが，現実にはなかなか見当たりそうもない。組織が存在し存続するためには，少なくとも監視するという基本的なポテンシャルを持っていなければならない。さらに別のタイプとして，実行可能な選択肢が自分たちの利益に反するにもかかわらず，同じやりかたでふるまい続ける組織がある。信じられないかもしれないが，そのような組織は昔から存在したし，いまでも存在している（Tuchman, 1985）。

7.5 監視するポテンシャルを発展させる

　レジリエンスポテンシャルを発展させようとするときの開始点が，対処することができない組織ということはありえない。なぜなら，そのような組織にはもっと根源的な手段が必要だからだ。開始点は，対処することができ，ゆえに存続できる組織でなければならない。対処するポテンシャルを改善することは，もちろんいつでも可能である。事業環境が安定し完全に予見可能な場合であっても，対処するポテンシャルは，たとえば対処行動のスピードを変えたり，トリガー条件を微調整することによってさらに改善できる。ただし，通常そうであるように事業環境が完全には予見できない場合には，対処内容は監視のポテンシャルに決定的に依存する。対処するポテンシャルの強化と改善のみに焦点を定めるのではなく，監視するポテンシャルも発展させるほうが，より良い戦略といえる。監視ができれば，組織は事業環境の変化についていけるし，進展や外乱に対しても，対処が必要なほどのおおごとに至る前に検出できる。これによって，組織は一方で，たとえば内部リソースを再配分したり事業のモードを切り替えて対応する準備をしたり，いくつかのサービスを停止して他のサービスを活性化させられるようになり，状況が悪化する前に「弱いシグナル」にさえも対処できるようになる。ある事象が進展するなか，早い段階で対処することは，不適切な対処や不必要な対処をしてしまうリスクを伴うが，一般的には対処に必要なリソースや必要な時間は少なくて済む。その際の明白なコツは，対処が必要のない状況において対処し始めてしまうようなミス（false positive）を避けることであり，また同じように，対処が必要な状況であ

るのに対処を始めないというミス (false negative) を避けることである。このようなリスクをとるとしても，反応的なやりかただけで業務を続けるよりはましである。

反応的な調整とプロアクティブな調整

　レジリエントな組織になるための鍵は，どう機能すればよいのかを調整する能力である。調整は，原理的には物事が起こった後で行うことも可能であるし（反応的，フィードバックで対処），物事が起こる前に，何が起こるかについての仮説や推定に基づいて，短期的あるいは長期的に行うことも可能である（予見的またはプロアクティブ，フィードフォワードで制御）。

　反応的な調整のほうが明らかに一般的でよく行われている。たとえば，コミュニティのなかで大規模な火災や爆発などの大事故があれば，それを受けて地域の対処者たちは自分たちの機能の状態を変え，今後続いて起こるかもしれない多くの別の結果に向けて備えを整えるであろう。しかし，何かが起こって初めて対処するやりかたは，組織の安全と持続可能性を保証するには不十分である。その理由の一つは，組織はある限られた一連の事象や条件にしか対処の準備をできないことになるし，また多くの場合，ある限られた時間しか対処の準備を続けられないからである。また，もう一つの理由は，対処が本当に必要であることが明らかになるのを待ってから対処する場合，その間にダメージが拡大してしまうことがあるからである。

　プロアクティブな調整は，システムが，物事が起こるより前に通常の業務状態から準備状態に移行できることを意味する。準備状態においては，リソースが予想される事象に見合うように配分され，また特別な機能も発動されるかもしれない。航空の世界における簡単な例で言えば離着陸の前や乱気流の間はシートベルトを締めたり，あるいは竜巻やハリケーンのような激しい嵐がその地域を襲う前に備えるようなものである。この場合，未来に起こるかもしれない事象は，だいたいいつも起こるものであり，またおそらくスケジュールどおりの活動の結末であって，ほとんど予測できるものである。その他の場合，通常の状態から準備状態に移行する基準はそれほどはっきりしておらず，その理

由としては，経験が不足している，未来が不確実である，計器の表示が疑わしい，そのシグナルが「弱い」などがある。

代替策：監視より学習を優先する

効果的に監視するためのポテンシャルを発展させれば対処するポテンシャルが高まるが，「第1」のステップとして，他の2つの可能性，すなわち学習するポテンシャルと予見するポテンシャルを発展させることについても少し検討しておく必要がある。対処するポテンシャルにとって学習はもちろん重要である。対処行為が業務環境の性質に合ったものになるのは，学習を通じてであるからである。学習によって対処行為は融通の利くものになるかもしれないが，その一方で，監視の能力がなければ組織は相変わらず反応的なままで，対処行為が遅れすぎたり，だんだん周囲の動きに遅れたりするリスクが生じる。監視よりも学習を優先するというのなら，それは未来に起こることはたいてい過去に起こったことの繰り返しだろうという考えや思い込みが根底にあるからであり，このケースは「見つけて直す（find and fix）」という戦略に固執して事故からしか学ばない組織に見られるものである。原因がわかってから物事を改善するのでは，業務環境に変化がないときにしか意図した結果が得られないのは明らかである。監視が不十分なのであれば，高いレベルの準備状態を維持することによって補完する必要があり，それは，たとえ状況がまったく異なるとしても，今後起こりうる事象のためにリソースと能力をとっておくということである。単に監視よりも学習を優先させることによって対処するポテンシャルを改善しようとするやりかたはコストがかかるので，このアプローチは長期的に見れば自滅的である。

代替策：監視より予見を優先する

監視するポテンシャルより予見するポテンシャルを優先することもまた，良い選択とはいえない。未来の出来事や変化を予見することは，確かに新たなタイプの対処策（また能力）を考えるときの基礎となるが，もし監視が非効率な

らば，対処行為のモードは依然として反応的なままであろう．監視より学習を優先する場合と同様，外的な事象がほとんど生じない場合に限れば，監視より予見を優先することは間違ってはいない．たとえば，大規模で埋蔵が一様な高稼働の炭坑や，長年売れ続けている製品の生産ラインなど，安定した生産を行っている企業ならばそうであろう．このようなケースでは，既存の形式での対処そして監視は適切であって，生産はその対象が何であれ，安定的な流れで継続できる．このような条件下で，市場に変化があるかどうか，新たな顧客の開拓が必要かどうか，あるいは新たな規制が生まれることが見込まれるかどうかを予見するポテンシャルを高めれば，監視のポテンシャルをさらに高めるより，もっと有利になるだろう．

7.6 学習するポテンシャルを発展させる

すでに対処や監視がしっかりできる組織にとって，論理的に考えた次のステップは，対処と監視のポテンシャルには依然として注意を向けつつも，学習のポテンシャルに焦点を当てることである．学習はさまざまな理由で必要である．何よりはっきりしているのは，業務環境はつねに流動的であるということであり，これはつねに新しくて予期していない状況や条件が生じうることを意味している．そのような状況や条件から学ぶことは重要であり，とりわけ対処するポテンシャルや監視するポテンシャルを高めるための法則性を見つけることは重要である．そしてもう一つ，学習が重要である理由に，対処するポテンシャルにはつねに限界があることがある．あらゆる事象や状況に対処する準備をしておくのは不可能であるし，うまいやりかたでもない．となれば，組織には，どう対処すべきかわからない状況がしょっちゅう起こることになる．これらの状況から学習し，それが特異なケースなのか，それともまた起こりそうなケースなのかを評価し，その評価を用いて対処と監視のポテンシャルを共に高めることは，明らかに重要である．一方，うまくいった対処行為から学習することも同様に重要である．組織は，対処の正確さ，対処時間，監視対象の手がかりや指標などを改善するために，このような経験を活用できる．単にうまくいった事例をそのまま受け止めるだけでは自己満足に終わり，改善のための重

要な機会を逃してしまうことになる。

代替策：学習より予見を優先する

　この段階では予見するポテンシャルより学習するポテンシャルを発展させることのほうが意味があるが，逆に学習するポテンシャルより予見するポテンシャルを発展させることについても検討してみたい。この順序での発展に関しては，効果的な予見は学習がなければできないという反論がある。予見とは，ありうる未来の世界を考えるために用いる「統制された想像」である。予見においては，指標の状態，新たな規制要件，新しい技術，政治的混乱，自然・環境災害，世界的流行病など，起こりうるさまざまな変化を考慮しなければならない。しかし学習するポテンシャルがなければ，この「想像」が統制されないもの，あるいは少なくとも調整されないものになってしまうリスクがある。ビジネスであれ安全であれ，組織をマネジメントするために予見を利用する場合，それによる新たなリスクも生じることになるから，学習を伴わない予見はやはり好ましい考えとは言えないだろう。

7.7　予見するポテンシャルを発展させる

　組織が対処でき，監視でき，そして学習できるようになるところまで来れば，残るは予見するポテンシャルを発展させるのみである。予見の持つ重要性についてはすでに論じた。予見は，いまの状況の単なる延長ではない。予見は，監視するポテンシャル（どの指標，どのエリアを探索すべきかを示唆すること），対処するポテンシャル（将来のありうるシナリオを要約すること），学習するポテンシャル（異なる教訓に優先順位を付けること）をより的確に高める上で活用できる。学習は，対処するポテンシャルを改善するため，適切な指標や手がかりを選択するため，さらに予見の基礎となる想像を洗練するために役立つ。監視は主に，対処するポテンシャルを改善する（迅速さを高める，予防的対応をする）のに役立つ。対処することもまた，学習と予見を改善するために必要な経験を提供してくれる。

7.8 レジリエンスポテンシャルを発展させる方法を選択する

　以上述べたことは全体として，レジリエンスポテンシャルを高めたいと考える組織にとって，4つのポテンシャルをどのように，そしていつ発展させるべきなのか，さらに言えば，1つのポテンシャルに注力すべきなのか，それとも2つあるいは3つのポテンシャルに同時に取り組むべきなのかを，慎重に選択しなければならないということを示唆している。ここが，RAG（Resilience Assessment Grid）が役割を果たせる場面である。組織はまず最初に4つの各ポテンシャルについてどのぐらいうまく取り組めているのかを，各ポテンシャルに寄与する機能を細かく評価することによって判断する必要があり，その上でそれらを高めるためにどう取り組むのかを計画する必要がある。その際，ポテンシャル間の相互の依存関係を考慮に入れて，どの方法が最も適切かを考えなければならない（第6章参照）。よりよい検出指標やより優れた分析手法といった技術的な面での向上によって，あるポテンシャルやそれを構成する機能を発展させられる場合もあるだろう。また，ヒューマンファクターや組織の関係がより重要な場合もあるだろう。その他，態度（attitude）や，さらには安全文化のようなことが役に立つ場合もあるだろう。

　レジリエンスポテンシャルを発展させることは，パフォーマンスを悪化させないことではなくパフォーマンスを向上させることに主眼を置くSafety-IIに好都合な態度をつくり上げる（そして育む）ことを意味している。言い換えれば，うまくいっていないことにただ目を向けるのではなく，うまくいっていることに目を向け考えるように人を仕向ける態度，そうしなければわからないことに気づかせる（認識させる）態度，間違ったことを避けるよりもっとうまくやるよう努力させる態度などである。

　ゴールの設定に関して，レジリエンスエンジニアリングには最終的な答えは用意されていない。その分，組織は，レジリエンスポテンシャルをどこまで発展させるべきなのかを，4つのポテンシャルの偏差レベルで表すなどして決めなければならない。これは，基準に基づいて決めるというよりも実務的に決めることであり，組織が何をどのような文脈で行うのかに大きく依存する（もち

ろん，組織の予見するポテンシャルと，未来のために準備することに対する意識の高さにもよる）。5層モデルで表される安全文化の概念とは異なり，レジリエンスポテンシャルに上限はない。組織が生産性，安全，品質，顧客満足などをどこまでも改善できるのと同じように，対処，監視，学習，予見もどこまでも向上させることが可能である。

7.9 レジリエンスポテンシャルをマネジメントする

従来からのモノリシックな思考方法では，安全は一つの概念，あるいは一つの品質とされることが多い。このことから「安全文化」「安全マネジメント」「安全マネジメントシステム」などが語られるようになり，それらを変えることによって望ましいアウトカムがもたらされるのだという思い込みが生まれた。

安全マネジメントシステム（SMS）は典型的に，兆候や兆し（失敗や不安全）についてだけでなく，アプローチについても一つの問題を強調する。Safety-Iの観点からは，安全マネジメントの目的はよくないアウトカムを減少，できれば根絶させることであり，したがって，そのアプローチは，よくないアウトカムがどのようにして起こるのかの理解に基づくものでなければならない。因果律についての信条の第2原則では，よくない結果はよくない原因に起因するという意味で，原因と結果の重みが一致することを示唆している。それゆえ，どのように失敗や異常が生じるのかを理解することは極めて重要となる。多くの箇所で取り上げられているように，これまでよくなされてきた解釈は，技術面から人的要因，組織，さらに安全マネジメントに至るまでさまざまである。

安全を高めるにはレジリエンスの改善が行われるべきであり，それゆえ技術的にも組織的にもレジリエンスを支援するさまざまな方法を提案すること，などというのは非常に耳触りのいい話で，そうしたくなることも多い。しかし，そのような努力はうまくいかない。それは単純に，レジリエンスが画一的なものではなく，一つの概念でも一つの品質でも一つの能力でもないからである。第2章でも論じたが，レジリエンスという一つの単純な品質などないし，組織にレジリエンスがあるかどうか，組織はレジリエントであるかどうかを問うことに実際的な意味はほとんどない。したがって，組織のレジリエンスを改善す

るとか支援するといったこともできない。それよりも有効なのは，組織はレジリエントなパフォーマンスのためのポテンシャルを持つことができ，これらのポテンシャルはマネジメントすることができ，そして実際にマネジメントすべきであると提案することである。ただ不便なのは，「レジリエンスマネジメント」のような魅力ある用語ではなく「レジリエントなパフォーマンスのためのポテンシャルのマネジメント」とか，短くしても「レジリエンスポテンシャルのマネジメント」とか，いささか扱いにくい用語に行き着いてしまうことぐらいである。

それよりもっと私たちが考えなければならないのは，パフォーマンスの実務的，具体的側面の担い手である4つのポテンシャルを，どのようにして維持し，向上させるかということである。この章で触れたように，4つすべてを同時に扱う必要はない。たとえば，ある組織の監視するポテンシャルを高める方法を探求するだけでもとても意味がある。ただ，その場合でも，4つのポテンシャルが複雑に相互依存しあっていることを意識しておくことが非常に重要である。もし，監視する能力に注目するのであれば，監視するポテンシャルが何に依存していて何を必要としているのか，またその変化は他の3つのポテンシャルにどう影響を及ぼすのかを意識して，監視の能力の目標を追求すべきである。一般的または汎用的な依存関係については第6章で概要を述べたが，具体的な各ケースにおいては当然より詳細に論じられなければならない。

7.10　RAGの活用

レジリエンスエンジニアリングでは，4つのポテンシャル間に決まったバランスや比率を与えることはしていない。適切なバランスは，組織は何をすべきであるかに関する知識や，どのぐらいうまくそれができているかということから得られる経験に基づいて決められるべきである。これはその組織の活動分野によるため，「標準的」な数値を示すことは不可能である。たとえば，消防隊は予見ができることよりも対処ができることのほうが重要であるし，販売を生業とする組織にとっては，対処するポテンシャルと同じぐらい予見するポテンシャルは重要であろう。しかし，レジリエンスエンジニアリングは，レジリエ

ントなパフォーマンスのためのポテンシャルを持つためには，4つの各ポテンシャルをそれぞれある程度は持っていなければならないということをはっきりと示している。どの組織も，対処するポテンシャルにはそれなりの努力を昔から費やしている。また，多くの組織が，硬直的なやりかたであることは多いものの，学習するポテンシャルに力を入れている。監視するための継続的な努力をしている組織は，とくにこれまで長く安定してきた組織では少ない。さらに，予見するポテンシャルに真面目に力を入れている組織はほとんどない。

まとめると，RAGを使うに当たって覚えておくべき4つの重要なポイントは，第5章で述べた次のようなものである。

- その組織に特化した診断的および形成的の質問を4セットつくる。
- その組織のための4つのポテンシャルを機能的に結びつけるFRAMモデルを構築する。可能であれば，その組織の主な機能（部門）についてのFRAMモデルも構築する。
- その組織の機能のしかたについて実務経験があり，今後の評価にも繰り返し参加してくれそうな回答者のコアグループを確立する。
- 組織とその主な機能（部門）に適した期間をおいて評価を繰り返し行うためにRAGを活用する。その評価を，組織のレジリエンスポテンシャルのマネジメントおよび改善のために活用する。

診断的質問は，人のパフォーマンスの様子および組織のパフォーマンスの特性に関する考慮点を含んでいる必要がある。このようにRAGを利用することが前掲の第3の方法なのである。

第8章

変化する安全の様相

　安全がなぜ，危害や傷害がないこと，あるいはそれらからの解放として歴史的に扱われてきたかを理解するのは容易である。個人，グループまたは社会のいずれにとっても，危害を受けて苦しむことは，期待もされず，あってはならない。それは不快，苦痛，または生命や財産の損失をもたらすものなのである。すべての生命体は，危害を与える刺激に反応する。そして，人間の場合，反応は生理的であるだけでなく，精神的でもあり，また社会的でもある。我々が危害または傷害を負ったときには，その原因を見いだし，理解しようとする。そして状況を分類することによって，その原因を学び，それを認識できるようにする。そうしたことは，個人，グループ，さらには社会的なレベルにおいてもなされている。そのような行為の価値は生き残るためには明らかであるから，安全への努力がハザードとリスクの除去または防備に集中したのも不思議ではない。そして，安全への努力の大部分は事後反応的であったこと，さらにはそうあらねばならなかったのは奇妙なことではない。何かがうまくいかないときには，即座に反応すること，危険な状況から脱することは自然の摂理である。したがって，ほとんどの安全のパラダイムは有害な出来事からスタートする。それは，危害のレベルの評価，原因を特定する試み，解決の模索，そして最終的には，対策案が望ましい効果をもたらすことが（可能な限り）確実視された後に，その対策案を実行することへと進んでいく。

　日常的に生じる（regular）事象の場合には，「受け入れがたい危険からの解放」を実現することは，一般に，5つの異なるやりかたの一つあるいは組み合わせにより達成されている（表8.1参照）。第1に選択される最も自明な方法は，除去，すなわちシステムが機能するありかたから，問題のある活動または

表8.1 受け入れられないリスクに対する可能な対応

対応策	詳細	例
除去	排除	
再設計	人間	訓練，自動化による人の排除，業務分担
	技術	設計の改善，すなわち要素，情報表示，制御方法などの改善
	組織	安全文化，コミュニケーション，業務分担
防止	物理的バリア	壁，フェンス，軌道化，柵，檻構造，ゲート
	機能的バリア	鍵，インターロック，パスワードなど
	シンボルによるバリア	警告，警報装置，インタフェースの配置，サイン，シンボル
	無形のバリア	ルール，ガイドライン，安全方針，規制，法令
監視	オンライン（同期）	計測，重要なパフォーマンス指標
	オフライン（非同期）	試験，検査，事象報告
防備	自動的	フェイルセーフ装置
	管理的	緊急対応，消防的対処

「構成要素」を取り除くことである。第2の方法は再設計である。そこでの焦点は，人間，彼らの能力，さらには彼らの働きかた，すなわち技術あるいは組織に置かれる。第3の方法は防止である。すなわち，事象の発生を防ぐこと，能動的・受動的なバリアを導入することである。第4の方法は，何かが起きたときにさほど驚かないように―願わくば，まったく驚かずにすむように―，監視を改善することである。第5の方法，それは最後の手段であるが，何かが起きたときに，その影響から守ることである。現代の自動車は，これら5つが実装された具体例といえる。ドライバーは，徐々に排除されているか，ループの外に置かれるようになってきている（テクノロジーにより置き換えられている）。というのも，ドライバーは事故の源であるとみなされているからである。ドライバーが向きあう運転席周り，車両，そして交通システムにおいて，再設計も広く用いられている。防止策としては，さまざまな受動的さらには動的な

バリアがある。たとえばクランブルゾーン（crumble zone）[*1]，ブレーキアシスト，トラクションコントロール（traction control）[*2]，道路交通と運転者の状態モニタリングシステムなどである。ドライバーは最終的には，シートベルト，エアバッグ，車体の安全構造，その他によって保護されている。

何もしないという選択肢も，もちろんありうる。つまりリスク —あるいは損失額というべきかもしれないが— が受け入れられるのであれば，あるいは何か対策を講じることがむしろ相当程度に高くつくのであれば，そうした判断が時としてなされる。

日常的ではない（irregular）事象の場合，主として経済的な理由から，できることはほとんどない。

日常的な事象においては，その対応への準備と，そうした事象の発生を抑止する取り組みの費用対効果が良好であっても，日常的ではない事象は，必要な投資を正当化するほどには生じないためである。さらに，チェルノブイリ事故や東京電力福島第一原子力発電所事故のように類例がない事象（unexampled events）を考えてみよう。こうした事象では，状況は非常に悪い。ここでは，事象が生じたのちの広範囲な事実分析は，いくばくかの心理的な慰めにはなるかもしれないが，相応のしかるべき改善策をほとんど提供しないのである。

事故に対する反応は，一般には合理的かつエンジニアリング的な関心であるかもしれないが，同時に情緒的あるいは感情的な関心であるという事実を隠すことはできない。何か悪いことが起きたときには，安全であると思えることが必要であり，それは時には必要な安全性を超えたものとなるかもしれない。これは，事故に対する「公式」見解において少なからず見られることである。たとえば，「政府は，何がそのバス事故において死傷者をもたらすことになったのか，その原因を正確に知るために，細大漏らさずあらゆる手段を尽くすと述べている」というようなことである。これは，「我々」は「あなた」が安全であると感じることができるように，できるすべてをするということを基本的に意味している。

[*1] 訳注：衝突時に潰れてエネルギーを吸収する構造部材。
[*2] 訳注：自動車の発進加速時にタイヤの空転を防止する装置。

ボーイング787ドリームライナーにおけるリチウムイオン電池の過熱に関する問題もその例である。2012年12月から2013年1月の間に，相当数の787型航空機は，損傷したり発火するといったバッテリーの問題を経験していた。1月16日，連邦航空局（FAA）は米国籍のボーイング787に対して緊急耐空性改善命令を発した。ボーイング社は直ちに事故の原因究明を開始した。2013年3月には，外部専門家を含む500人以上のエンジニアが解析と技術的な作業，そしてテストに20万時間以上を費やした。しかし，ドリームライナーのチーフエンジニアは，ボーイング社は過熱の正確な原因を未だ見つけることができず，おそらく今後もできないだろうと認めたのだった。彼らは，バッテリー火災につながりうる80の潜在的問題を調べ，それらを4つのカテゴリに分類し，各カテゴリに対して改修策を設計した。2013年4月，FAAはボーイング社の改修策を承認し，航空機の飛行を承認した。運輸長官によると，「旅行している市民の安全は，我々の最優先事項です。787のバッテリーに対するこれらの変更は，航空機とその乗客の安全を確実にするものです」とのことであった。

この例に見られるように，安全の伝統的な意味（Safety-I）は，「ないこと」である。すなわち，我々が有害事象（失敗または故障）あるいは否定的な結果（危害または傷害）に見舞われないならば安全というものである。その結果として，主要な努力は，上述したことを減じる，防ぐ，防護することによって「ない」ことを確立し，それが維持されている状態を保証することになった。その典型は，「深層防護（defence in-depth）」の原則である。これは，有害な影響の侵入を食い止めるためにバリアをいくつも重ねることである（この起源は，都市または城を保護するために壁と濠を重ねる物理的防御に見られる。または1930年代にフランスにより築かれたマジノ線もそうであり，これは敵（ドイツ）の進攻を遅らせ，攻撃に兵力を集中する時間を稼ぐためのものである[*3]。しかし，「深層防護」の用語は，スイスチーズモデルにいみじくも示されるよ

[*3] 訳注：マジノ線（Maginot line）とは，フランスとドイツの国境に構築されたフランスの対ドイツ要塞線のこと。

うに，バリアを用いること全般へと広く拡張して使われるようになっている）。社会技術的な環境（より良い表現がないため，このように記す）が安定し予測可能である限り，このアプローチは長い間受け入れられ，機能してきた。言い換えるなら，変化率とイノベーション率は，（たやすく）対処可能であるほど，長期にわたり緩慢だったということである。しかし，20世紀の中頃以降，これはもはや通用しなくなった。変化は2つの要因の組み合わせによるものであった。一つは人間の独創性であり，もう一つは我々の回りに広がる世界を支配しようと我々が継続的に努めてきたことである。これら2つの要因の複合効果は，皮肉なことに，そもそも我々が理解していないシステムを制御するために，制御できない解決策を導入するというダイナミックな不安定状況をもたらしている。言い換えれば我々は，造りだしたものを支配できないことを補償するために，テクノロジーの力を使っているのである。社会技術システムのデザインのジレンマは，昨日の思考法—モデル，理論，方法—で今日の問題を解決しようとして，それが図らずも明日の複雑さをもたらしているということである。

多くの異なる領域の多くの人々は，この状況がもはや維持できず，したがって異なる解決法を探す必要があると，徐々に気づきはじめている。後になって考えれば，このジレンマは，当時は（明白なこととして）はっきりと言及されたものではなかったが，—完全でないにしても部分的には—レジリエンスエンジニアリングの開発に対する動機づけであった。

欠性語（privative）としての安全

文法的に，欠性語は，語の語幹の評価を否定するか逆の意味にする接頭辞でつくられる。たとえば，先例のないもの（unprecedented）における un- や，無能な（incapable）における in- が欠性語の例である。このことのアナロジーで考えると，正反対であること，または不存在状態あるいは欠如によって安全が定義されるので，Safety-I は欠性語とみなすことができる。これは Reason（2000）によって安全パラドックスとして認められている。しかし，安全であること，つまり危害と傷害からの解放は，「安全」というより，むしろ「安全

の欠如」がないことを意味する。これは，安全ではなかったと認める状況を調査する，つまり「事故から学ぶ」ことによって安全について多くを学ぼうという，別のパラドックスまたは不合理を生むことになる。幸いにも，この独特なアプローチをとるのは安全科学のみである（Hollnagel, 2014b）。ほとんどの科学は，それが存在する状況において，選ばれた現象を調査しようとするのである。

　物理学の分野での欠性語の例として，「寒さ」がある。あらゆる物理学者や技術者は，寒さなどというものは存在しないというだろう。すなわち，熱が足りないということだけが存在するのである。たとえ我々が外の寒さを入れないようにドアを閉めるのだと言ったとしても，部屋のなかに入ってくる寒さなどというものはない。そうではなく，我々は熱を閉じ込めるためにドアを閉めたのである。寒いと感じたとき，寒さを減じることによって暖かくはならない。我々ができるのは，熱を増やすことによって暖かくする（凍えることを避ける）ことだけである。安全についても同様な状況が存在する。事故件数を減らすことによって安全を増やすことはできない。なぜなら事故は安全の欠如を意味するからである。物事が正しく運ぶことをもっと増やすことによって，事故を減らすことができるのである。寒さを測ろうとすることは，事故を数えることによって安全を測定しようとすることに対応する。熱を測定することは，うまくいく物事を測ることである。

　この問題を解決する一つの方法は，我々が安全でないという欠落状態にあるとき，つまり事故やインシデントが生じているときに有していないものとしてSafety-IIを提示することである。これを表す単純でエレガントな方法は，「健康とは単に病気でないとか，衰弱しているということではなく，肉体的，精神的，そして社会的に，すべてが充足された状態にあることをいう」とするWHOの健康の定義と同じように言い換えることである。安全に適用すれば，その言い換えは，安全とは「単に望まれないアウトカムが生じていないということではなく，予想されるあるいは予想外の両方の状況において，要求される挙動をなすことのできる組織の能力」であるとなる。

　物理的なたとえでいうと，Safety-Iが寒さに相当し，Safety-IIは熱である。2つの異なる現象または概念があることは明らかなので，Safety-IとSafety-II

の並置は有益である。すなわち，一つは「ないこと（without）」に相当し，いま一つが「あること（with）」に相当するからである。これにより一応，混乱は解決するかもしれないが，Safety-I でいう「Safety」と Safety-II でいう「Safety」が，同じ綴り，同じ発音であるのに，意味は異なるという難しさをもたらすことになる（図 8.1 参照）。

　この状況は明らかに望ましくなく，実際的でもない。「安全」という語を使用するとき，その人が Safety-I の解釈で使っているのか，それとも Safety-II の解釈なのか，はっきりしない場合があるから，議論において混乱が頻発するだろう。この問題から抜け出す最も簡単な方法は，Safety-II が表すものに，異なる語をあてはめることかもしれない。ただし，Safety-I と Safety-II という用語を使用することは，伝統的な安全の理解が唯一のものではないことを明らかにする意味で，大きな修辞的な価値を持つと言える。しかしながら長い目で見たとき，ある語を用いて，それに直ちにまったく異なる意味を付け加えて使われるとすると，厄介なことになる。
（Harold Thimbleby 教授が，安全は欠性語とみなされうると指摘したことに感謝したい。）

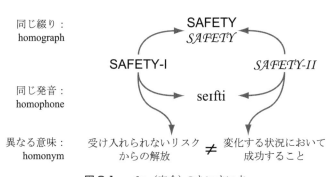

図 8.1　safety（安全）のあいまいさ

機能統合（synesis）

　幸いにも，「あること（with）」を意味する用語がある。ただし，ここでいう「あること（with）」とは，「危害や傷害がある」というときの「あること（with）」

の意味ではなく「ポジティブであり，望ましい結果がある」というときの「あること（with）」である。機能統合（synesis）という用語がこれにあたり，ギリシャ語の$\sigma\acute{\upsilon}\nu\varepsilon\sigma\iota\varsigma$（もともとは，「統一，合致，感覚，良心，洞察，実現，心，理由」などという意味）に由来する伝統的な文法的/修辞的な用語である。本来，機能統合は主に文法的構造を記述するのに用いられるが，Safety-IIとの関係においても有意義な用語である。ここでは，機能統合は，複数の活動が，受け入れられるアウトカムを生産し提供するために，共に機能する状態と定義することができる。個々の活動は部分的には不適合であったり矛盾する場合がある。しかし，どのような困難も機能統合により，つまり今日の社会技術システムが意図され望まれるように機能するために必要となる活動の統合によって打破される。それゆえ，医療や建設現場における機能統合の話をするのであれば，それは（リソースの理にかなった使用を伴う）効率，（高度に予想可能な）信頼性，そして受け入れられる品質といった基準に関して意図したとおりの活動を行うために，職場に必要となる相互に関係し合う機能群を意味する。ここにおいては，安全について明示的に言及する必要がないことに注意すべきである。すなわち，パフォーマンスがうまくいくということ自体が，悪い結果が存在していないことを意味している。機能統合という用語を用いることによって，安全が，「ないこと（without）」ではなく「あること（with）」として定義されるのである。

　機能統合は，意味論的な問題の解決を助けることもできる。多くの領域の典型として，たとえば医療では，それが唯一の例というわけではないが，安全と品質という用語は融合している。あるケースでは，品質は安全の構成要素とみなされる。その他のケースでは逆の関係も考えられる。同じことは，安全と生産性，生産性と品質などにもいえる。我々はプロセスまたは作業状況を，安全の観点から，品質の観点から，生産性の観点から見つめることができる。しかし，各々のケースにおいて，どのような特定の観点も，起きていることに関するある一部分を明らかにするだけであり，起きていることのすべてを理解することが重要であることを，我々は心にとめておかなければならない。

　機能統合という用語は明らかにSafety-IIという用語よりも望ましいので，本書の以降においては，この用語を使うことにする。

8.1 測定の変化する様相

　安全の変化する様相は，我々が安全を判断する―もしくは機能統合を測る―適切な方法を見つける必要があることも意味する。ケルビン卿（Lord Kelvin）の「測定できることのみを知ることができる」という有名な言からも，サイバネティクスの必要な変動量の法則（Law of Requisite Variety）からも，何かを管理するためには，それが何であるかわかっている必要があることは明らかである。つまり，そのモデルを持っていなくてはならない。それによって何とかそれを測ることができるのである。Safety-I においては，測定指標は伝統的に望まれない結果（事故，事件，損失時間，負傷など）の数に関するものであった。このように，たとえどのような測定指標が用いられても，Safety-I が高いレベルにあることは，それらの値が低いことに相当するという皮肉な状況がもたらされた。

　安全を測定するこの従来の方法は，次のように表すことができる。

$$安全 = \sum_{1}^{n}（悪いアウトカム_i）$$

　数えられる悪いアウトカムが，既知の単一または複数の原因の結果または影響であると仮定されるのは自然なことである。つまり，故障，不具合，欠陥，未知のあるいは制御不能なリスクやハザードによるアウトカムである。安全を判断するこの方法の長所は，悪い結果を見つけることは容易であり，したがって数えるのも簡単であるということである。マネジメント上，また制御工学の観点からの不利益面は，時間の経過とともに Safety-I が改善すると，測定できる事柄がどんどん少なくなることである。つまり，効果的なマネジメントを行うためのフィードバックや情報，データが得られなくなるのである。その結果，「失敗から学ぶ」と「0 危害」または「ゼロ災」の組み合わせによるやりかたでは，何も学べない状況になり，それゆえに改善の基盤が失われることになる。

　2001 年，アメリカの組織理論家カール・ワイクは，安全は「ダイナミックな無事象（dynamic nonevent）」，すなわち，起こった（悪い）アウトカムとしてというより，起こらなかったあるいは避けられた（悪い）アウトカムとして理解される（Weick, 1987）という，有名な提唱を行った。この言い換えられた定

義は，まさに筋が通っている。つまり安全マネジメントのゴールは，悪いアウトカムをなくすこと，言い換えると物事がうまくいくことを保証するということになる。これは安全を判断する方法として論理的に次式をもたらす。

$$安全 = \sum_{1}^{n} (-悪いアウトカム_i)$$

この定義からすると，失敗（物事がうまくいかないこと）の存在ではなく，むしろその不存在によって安全が特徴づけられることになるが，この不存在は継続的な努力が熱心になされた結果であることも意味している。実際的な問題は，この考えによる安全は，観察できず測定もできない何かしらによって表現されるということである。たとえば，交通事故による死者数や，鉄道において列車が信号で止まらなかった回数（SPAD：信号冒進）であれば，数えることができる。しかし，無事象を数えることは不可能である。交通事故死の場合，交通事故で死亡した人数ではなく，死亡しなかった人数を数える意味ある方法はない。SPADの場合，特定の線区において特定の期間を限定すれば，信号で停止した列車の数を数えることは，基本的にはできるともいえる。しかし，この数を知ることについての関心は，少なくとも現在のところはないので，それはかなり非現実的である。

ダイナミックな無事象の数として安全を定義することは魅力的であり，本質的には（あるいは精神論的には），「失敗は成功の裏面である」ということを強調することからスタートしたレジリエンスエンジニアリングとの当てはまりは良い。しかし，物事がうまくいく事象または活動を意味する「ダイナミックな事象」に着目して安全を考えるほうがもっと望ましく，そうであればSafety-IIの定義と完全に一致する。そして，受け入れられるアウトカムの数を，対応する安全の指標として提案することになる。これは，安全が高まれば，安全の測定値が増加することも意味する。

$$安全 = \sum_{1}^{n} (受け入れられるアウトカム_i)$$

安全（すなわち機能統合）は，受け入れられるアウトカムが存在することである。そのアウトカムがより多く存在すれば，システムはより安全といえる。

必要とされるすべては，成功したアウトカムの意味あるカテゴリを提案することである．伝統的な安全マネジメントではこのような見かたはしてこなかったので，このカテゴリ提案は最初は難しいように思えるかもしれない．しかし，実際には難しくはない．実際，組織の他の面—生産性，品質，顧客満足など—はそれらに関係する指標が増加することを目指してマネジメントされているのであるから，そうするのはまったく自然なことである．

生産物とプロセスの測定指標

受け入れられるアウトカム，受け入れられないアウトカムいずれであれ，認識できるアウトカムの測定指標は便利で容易に得られるとしても，それらは大きな概念上の問題を隠している．その問題とは，結果をもたらす「メカニズム」は何か，ということである．言い換えると，測定されるアウトカムの理由を明らかにできる説明（理論，モデル）は何か，ということである．

この問題は図 8.2 のように示される．ここで，あるアウトカムは組織の機能のしかたの結果であると仮定する．実際そのように仮定せざるをえない．そして，何らかの方法で制御することによって組織の機能のしかたに影響を与えることができるとも仮定する．この仮定は比較的単純なものである．たとえば，すべての Safety-I モデル，同じくほとんどの組織モデルで使われる線形因果律を信奉することがそうであり，バランススコアカード（balanced scorecard）法*4

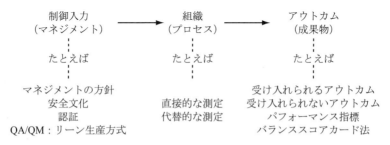

図 8.2　測定のタイプ：成果，プロセス，代替物

---

*4 訳注：企業戦略やビジョンを，財務，顧客，業務プロセス，学習と成長の 4 つの視点により評価する業績評価システム．

の戦略マップを含む組織モデルの多くもそうなっている。また，その仮定はより精緻なものとすることもできる。たとえば高信頼性組織で用いられるものや，複雑適応システムやレジリエンスエンジニアリングにおける非線形モデルなどがそれに相当する。

　アウトカムまたは成果物に基づく指標を構築することは普通は容易である。しかし，それらの意味深さは，組織の機能のしかたの背後にあるモデルあるいは仮定に依存する。組織（プロセス）とアウトカム（成果物）の関係は，不十分に定義されていたり，ごく一般的な用語で表現されている場合が多い。たとえば安全文化を例にすると，アウトカムの測定指標は通常，ある組織をマネジメントするための最善の基盤を示すものではない。アウトカムの測定指標については，ほかの問題もあるが，とりわけ，アウトカムが生じるまでかなりの時間差や遅延があるという問題が深刻である。

　前掲の病院の標準化死亡比（HSMR：hospital standardized mortality ratio）の例は（第5章），アウトカム測定指標に関するいくつかの問題を示している。より深刻な問題は，機能のしかたとアウトカムの関係が自明（trivial）であるとはいえないことである。それゆえに，安全な組織が事故に見舞われるかもしれない一方で，「安全でない」組織がかなりの長期間にわたって一度も事故に遭わないかもしれないのである。言い換えると，おそらく「安全のレベル」とはあまりに単純な概念であるので，組織の「安全のレベル」と悪いアウトカムの数との間に単純な関係は存在しないのである。

　測定が失敗と事故のスナップショットに目を向けたものか（図1.1参照），あるいははるかに多数回生じている受け入れられるアウトカムに目を向けたものかという問題もある。したがって，安全マネジメントを，直接的な測定と代替的な測定とを区別できるプロセス測定に基づいたものにすることが，より良い解決策となる。直接的な測定，すなわちWAD（work as done）に関する測定を探すならば，多くの例がある。技術システムの場合，洗濯機から原子力発電所まで，プロセスは計画されたもので既知であるから，それに関するプロセス測定を定義し，それにより測定することは，一般に容易である。しかし社会技術システムの場合，それははるかに難しい。そして，不可能に近い。これはそれを試みる努力が足りないということではない。たとえばSPC（統計的プロセ

ス制御（statistical process control））のさまざまな様式，6 シグマ，バランスス
コアカード法など（厳密に言えばそれらのいくつか）は，アウトカム測定指標
のようなものを与えるが，それらは装いだけ（in disguise）のアウトカム測定
だからである。実際，多すぎるほどの直接的なプロセス測定法が存在している
が，それらのアウトカムが揺らいだり一時的な変動を起こすことが問題なので
ある。そこで第 5 章で論じられたように，代替的な測定として，4 種類のレジ
リエンスポテンシャルに着目するという第 3 の可能性が意味を持つことにな
る。代替的な測定は，間接的な測定であるが，望まれるアウトカムに高く相関
しているか強い関係性を持つものである。この場合の望ましいアウトカムは，
レジリエンスの定義に従って，レジリエンスのパフォーマンスとなる。

　Resilience Assessment Grid（RAG）の目的は，レジリエンスのパフォーマ
ンスに対する潜在的な能力を評価することにある。このやりかたは Safety-II の
見かたと一致しており，対処，監視，学習，予見するポテンシャルを評価する
ことが，安全（または機能統合）の「測定」として使われる。さまざまな点にお
いて，特定のカテゴリにおける特定のアウトカムを数えることに比べて，4 つ
のポテンシャルを評価し，「数える」ほうがより簡単である。その評価は明瞭
な概念上の基礎を有するので，本質的に意味を持つものとなる。RAG を通じ
て指摘される特定のアイテムが，介入について具体的な提案をもたらす限り，
FRAM モデルにより記述された機能間の依存性に留意すれば，RAG は「レジ
リエンスの文化」の構築を支えるものとして用いることもできるだろう。

8.2　安全文化の変化する様相

　安全の変化する様相は，安全文化の定義を含む多くの事柄に必然的な影響を
もたらす。

　International Nuclear Safety Advisory Group（INSAG）は安全文化を，「原子
力の安全の問題には，その重要性にふさわしい注意が最優先で払われねばなら
ない。安全文化とはそうした組織や個人の特性と姿勢の総体である」（INSAG,
1991）と定義した。より最近では，「安全文化の概念は，文化的なレンズを通
して，組織が安全問題にどのように関係するのかを探索するやりかた」と付け

加えられた（International Atomic Energy Agency（IAEA），2016）。これは最初の定義の改訂として多くの言葉を付け足したものである。より一般的なバージョンとしては，「この現場において安全を実行するやりかた」というものもある。いずれの場合も，安全文化の定義は，それ自体が定義されていない「安全」を参照している。

> （定義を以下のとおり書き直して見れば，この問題点は明らかであろう：「X 文化は，すべてに優先されるものとして，X 問題がその重要性にふさわしい注意が払われることであり，それを確立する組織・個人の特性と態度を集約したものである」。第 1 章に述べた ICAO の定義にも同じ難点がある：「X マネジメントシステム…は，必要な組織的構造，アカウンタビリティ，方針と手順を含む X をマネジメントする組織化されたアプローチである」。どちらも定義は分析的である。すなわち，述部の概念は主題—すなわち「X」—の概念に含まれている。）

「安全」という語が Safety-I の解釈を指すこと，したがって安全が「受け入れがたい危害からの解放」であることは，前後関係から明白である。しかし，その定義の構造には，その定義が Safety-II または機能統合を記述するのに用いられることを妨げるものは含まれていない。必要とされるのは，（定義文の）述語部をより明示的にすることである。Safety-I に対しては，定義は「悪いアウトカムの数を受容できる低いレベルにとどめることに貢献する組織と個人の特徴と態度の集合体」といえるであろう。同様に，Safety-II に対しては，定義は「成功裏のパフォーマンスに貢献し，それを維持するための組織と個人における特徴と態度の集合体」といえるであろう。言い換えると，安全文化（safety culture）は「安全の文化（culture of safety）」として定義されるべきではなく，安全以外の何かによって定義されなくてはならないのである。

安全の変化しつつある意味は，現在の Safety-I に関係する術語の一部に相当する他の多くの概念にも影響を与える。たとえば Reason（1998）は，安全文化は情報に基づく文化であり，それは翻って報告する文化（reporting culture）と公正な文化（just culture）を必要とすると提唱している。報告する文化は，インシデント，ニアミスその他の「無料の教訓」から得られる知識を集めるた

めに必要であり，公正な文化は人々がすすんで「自分の起こしたスリップ，ラプス，ミステイクを告白する」ことを保証するために必要となる。どちらも，望ましくない事象や望ましくないアウトカム，つまり物事がうまくいかないことに焦点が当てられている。しかし，もし焦点が機能統合と望ましいアウトカム，そしてそれらがどのようにもたらされたのかに当てられるのであれば，報告する文化も公正な文化も，ほとんど意味をなさないか，まったく不要になる。そして報告は，WAD（Work-as-Done）と，組織全体においてなされる大小さまざまな調整（adjustment）にかかわる情報に置き換えられるだろう。この情報は組織をマネジメントするために必要とされるものであり，それにより，予想されるあるいは予想外の状況の下で必要に応じて機能することを確実にすることができ，学習や改善がなされるためにも必要となる。人々は，どのように仕事をするか，どのように予想外の条件や状況に対処するか，そしてなぜ失敗したのかではなく，どのように業務を確実に効果的に行っているのか，そのパターンを尋ねられることになるので，公正な文化の必要性はなくなるであろう。経験を共有してもらうに際して，保護を提供する必要もなくなるし，勇気付けることも不要になる。

　レジリエントなパフォーマンスを確実にするために，組織は，受け入れられるアウトカムを生むために複数の活動がどのように共に働いているのか，そして，機能統合がどのように展開され，分析され，維持されているのか，わかっていなければならない。これが現実にはどのようになされるのかを示すことによって，RAG は Safety-II のマネジメント，つまり機能統合のマネジメントのツールになるのである。

付録

FRAM の初歩

　この付録では，Functional Resonance Analysis Method（FRAM）について，初歩的な内容を紹介する。より詳しい説明は www.functionalresonance.com に示されている。また，もちろん Hollnagel（2012）の著書[*1] も参照されたい。

　FRAM の目的は，あることがどのようになされるのか，なされたのか，なされうるのかを分析し，その表現形をつくることにある。この表現形はアクティビティの効果的なモデルである。というのも，それは，あることがどのようになされるのかということの本質的な特徴を，明確に定義されたフォーマットにより描写するからである。FRAM の場合，本質的な特徴は，アクティビティと，それらの結合あるいは相互依存の状態を記述するのに必要十分な機能という形で捉えられる。

　すべての安全分析手法は，すでに存在している特定のモデルを参照している。たとえば根本原因分析（Root Cause Analysis）は，望まれないアウトカムと，それをもたらしたイベントを，いわゆるドミノモデル（Heinrich, 1931）に基づいて，（根本）原因からスタートして観察されたアウトカムに終わる単一あるいは複数の原因-結果の連鎖（cause-effect chain）によって表すものである。TRIPOD は，アクシデントやインシデント，ニアミスの根本要因を，潜在的な状況と顕在化した問題との組み合わせにより表現することを狙いとしているものであり，スイスチーズモデル（Reason, 1990）を参照している。AcciMap アプローチ（Rasmussen and Svedung, 2000）では，複雑な社会技術システムでの事故において，可能性がある原因を，6 つのシステムレベルにマッピングす

[*1] 訳注：邦訳は小松原明哲監訳『社会技術システムの安全分析 ―FRAM ガイドブック』2013，海文堂出版．

ることによって表そうとする。そのマップは，イベントとアクティビティの物理的なシーケンスから，行政，規制，社会レベルまで，まさにそれらの関連性のネットワークを表すものである。本質的にこれらの各手法はイベントを特定のモデル上にマッピングするものである。同じことは他の手法（たとえばSTAMP，Bow-Tie）でも言える。

しかしFRAMは2つの点において異なるものである。第1に，それは安全やリスク分析手法に限定されるものではなく，モデル（記述）それ自身を創出するために，あるアクティビティを分析する方法だということである。つまりFRAMは安全分析のためにもちろん使うことができるが，タスク分析やシステムデザインなどにも使えるものである。第2に，FRAMは既存のモデルに依存するものではなく，物事がどのように起こるかということに関わる4つの原理または仮定による。FRAMは手法がモデルを構築するというものであって（method-sine-model），モデルがあって手法がつくられるもの（model-cum-method）ではないということである。

第1の原理：成功と失敗の同等性

アクシデントやインシデントの説明は通常，システムやイベントを構成要素に分解することでなされる。つまり，システムを人間と機械というように物理的な要素に分けたり，アクティビティを個人個人の行為，あるいはプロセスのステップというように断片化するやりかたがとられる。アウトカムは構成要素間の線形の原因–結果関係によって説明され，望まれない結果は構成要素の故障または失敗に起因するとされる。これは，物事がうまくいかないことの原因は，物事がうまくいくことの原因と異なることを意味する。そうでなければ，受け入れがたいアウトカムの原因を「見つけて直す（find and fix）」という努力は，受け入れられるアウトカムの発生にも影響を及ぼすことになってしまうからである。FRAM ―そしてレジリエンスエンジニアリング― は異なるアプローチをとる。すなわち，物事がうまくいくことと，うまくいかないことは，まったく同じように起こると考えるのである。結果が異なるという事実は，説明もまた同様に異なることを意味するものではない。「おおよその調整

（approximate adjustment）の原則」は，なぜそうなのかを説明するものである。

第2の原理：おおよその調整（approximate adjustment）

人間は機械ではないので，社会技術システムを細部に至るまで厳密に特定することはできない。仕事が効率的になされるためには，パフォーマンスが現下の状況（リソース，時間，ツール，情報，要求，機会，葛藤，中断）に合わせてつねに調整されることが求められる。ある特定の仕事の遂行から始まり計画とマネジメントに至るまで，調整は個人によって，グループによって，そして組織によって，すべてのレベルでなされている。リソース（時間，材料，情報など）は多くの場合，制限される。そこで，調整は精密にというよりはおおよそのこととしてなされているのが普通である。人々は期待されることは何かを知っており，それを補うことができるので，これ（おおよその調整）が深刻な結果につながることはめったにない。つまり，このおおよその調整こそが，物事の大部分はうまくいき，そして時にはうまくいかなくなる理由なのである。

第3の原理：発現するアウトカム

個々の機能の変動（variability）は，物事がうまくいかなくなる原因となるほど，または失敗と言われるほど，大きいものではない。しかしそうであっても，複数の機能の変動は，ポジティブでもネガティブでも，予測できない形で（非線形に）組み合わさって，加法的ではない予想外のアウトカムを導きうる。受け入れられるアウトカムも受け入れがたいアウトカムも，ある要素や部分の不具合や失敗からスタートする1つあるいは複数の原因−結果の連鎖の結果としてではなく，むしろ日々の調整による変動から生じてくるもの（発現するもの（emerging））として説明することができる。

第4の原理：機能共鳴（functional resonance）

線形因果関係に代わるものとして，2つ以上の機能の変動が同時に生じ，互いを抑制または増幅することによって，アウトカムや出力変動を不釣り合いな

ほどに大きくつくりだしてしまうという見かたを，FRAMは提案する。共鳴現象のアナロジーを借りれば，この増幅が起きる場合，つくりだされた変動はさらに他の機能へと影響を広げうる。

　機能共鳴は，社会技術システムにおいて複数のおおよその調整が同時になされたときに起こりうる顕著なパフォーマンス変動を記述するものである。おおよその調整は，認識できる調整行為あるいはヒューリスティックスの小規模な組み合わせから構成されるので，パフォーマンスの変動はランダムではない。人々の挙動のしかた，そして他の人の挙動から生じたものも含めて，予想外の状況への対応のしかたには，何らかの規則性があるからである。機能共鳴は，非因果的な（発現する）アウトカムや非線形である（加法的でない）アウトカムを理解する体系的（systematic）な方法を提供するのである。

FRAM モデルの開発における基本的な概念

　FRAMは，アクティビティが普通はどのように起こるかという説明または表現を作成する体系的なアプローチである。この表現はFRAMモデルと呼ばれる。パフォーマンスは，アクティビティの実行に必要な機能，機能同士の潜在的な結合（カップリング），機能の典型的な変動に関して記述される。FRAMの目的は，業務の典型的ななされかたを，簡潔かつ体系的に記述することにある。

FRAM における機能の意味

　FRAMでいう機能とは，ゴールを達成するのに必要となる手段を意味する。より一般的にいうと，機能とは，ある結果をもたらすために必要となる行為またはアクティビティ―単純なものも複雑なものも―を意味する。

- 一般的に機能は，たとえば患者をトリアージしたり，接近中の航空機を誘導するといった，特定のタスクを遂行して特定のゴールを達成するために，人々が―個々に，または集団として―行わなくてはならないことを記述する。

- 機能は，組織が行うことを指すこともある．たとえば，旅客や商品を輸送することは鉄道の機能である．
- 機能は，技術システムがそれ自体（オートメーション化した機能，たとえばロボット）によって，または1人以上の人間と共に（インタラクティブな社会技術的な機能，たとえば空港のチェックインキオスク端末）行うことを指すこともある．

機能が表現するアクティビティや，それが行う事柄を強調するために，機能は動詞または動詞句によって記述することが勧められる．例として，「患者を診断している（diagnosing a patient）」ではなく「患者を診断する（to diagnose a patient）」というべきであるし，「情報を要求している（requesting information）」というより「情報を要求する（to request information）」という言いかたをすべきである．

FRAM の側面（aspect）の意味

機能は6つの側面について記述される．すなわち，入力（I），出力（O），前提条件（P），リソース（R），制御（C），時間（T）である．FRAM の一般規則は，分析チームが適切であると思い，そしてそれを行うための十分な情報と経験があるのならば，機能の各側面が記述されなければならないということである．しかし，それはすべての機能において，6つの全側面の記述を必要とするという

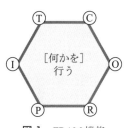

図1　FRAM 機能

ことではないし，実際，そうすることは不可能だったり，意味のないこともある．最低限，すべてのフォアグラウンド機能（この定義は後述）において，少なくとも1つの入力（I）と1つの出力（O）は記述されなければならない．しかし，入力（I）と出力（O）だけでは，FRAM モデルは一般的なフローチャートまたはネットワーク図に簡略化されることに注意してほしい．FRAM では，側面は名詞または名詞句で記述することが勧められる．言い換えると，側面は状態（state）あるいは何らかの結果として記述されるものであり，活動として

記述されるものではない（図 1）。

- ある機能に対する入力（I）とは，出力（O）を生じるために，機能によって従来から用いられているものであるか，変換されるものである．入力（I）には，物質，エネルギー，情報などがある．入力（I）は，たとえば何かを始めることに対する承認（クリアランス）または指示のように，機能を励起させるか開始させることもありうる．入力（I）は，データまたは情報の形として，より一般的な言いかたをすると，機能が開始するシグナルというべき何かとみなすことができる．形式的な言いかたをすると，入力（I）はつねに，エネルギー，情報，位置のいずれかに関する環境状態の変化の結果である．そのため，入力（I）の記述はつねに名詞または名詞句となる．ある機能において入力（I）の側面が記述されるとき，それはある別の機能からの出力（O）として記述されているはずである．

- ある機能の出力（O）には，たとえば入力（I）の処理結果のような，その機能がなすことの結果を記述する．出力（O）には物質，エネルギー，情報などがある．後者の例としては，許可，承認，意思決定の結果があげられるだろう．出力（O）は，1つかそれ以上の出力パラメータの状態の変化を記述する．出力（O）は，もう一つの機能を開始するシグナルである場合がある．出力（O）は，名詞または名詞句で記述されなくてはならない．出力（O）の側面がある機能において記述されるとき，それは別の機能についての入力（I），前提条件（P），リソース（R），制御（C）または時間（T）の側面として定義されなくてはならない．

- 1つ以上の前提条件（P）が確立されないと開始することができない機能も存在する．これらの前提条件（P）は，存在しているべきシステム状態として，または機能が実行される前に確認されなければならない状況として理解される．しかし，前提条件（P）は，機能を起動させることができるシグナルそれ自体を構成するものではない．何が入力（I）であり，何が前提条件（P）として記述されるべきかを確定する際に，この単純なルールを用いることができる．前提条件（P）の記述は，名詞

または名詞句でなければならない．ある機能において前提条件（P）の側面が定められるとき，それは別の機能からの出力（O）としても定義されていなければならない．

- リソース（R）は，機能が実行される間に必要であるか，消費される何かである．リソース（R）は物質，エネルギー，情報，能力，ソフトウェア，ツール，マンパワーなどを表現する．いくつかのリソース（R）は，ある機能が実行される間に消費されるものであるが，消費されないものもあるので，一方を（妥当な）リソース（R），他方を実行条件（E）として，区別することは有益である[*2]．（妥当な）リソース（R）は機能によって消費されて，したがって徐々に減少していくが，実行条件（E）は，機能が実行中に，利用できるか存在する必要があるだけである（なお前提条件（P）と実行条件（E）の違いは，前者は機能が開始する以前に必要とされ，実行中には必要ないということである）．リソース（R）または実行条件（E）の記述は，名詞または名詞句でなければならない．リソース（R）の側面が一つの機能のために定められるとき，それは別の機能からの出力（O）として定義されていなければならない．

- 制御（C）は，望ましい出力（O）を生じるように機能を調整（regulate）するものである．制御（C）は計画，予定，手順，ガイドラインや指示のセット，プログラム（アルゴリズム），「測って修正する（measure and correct）」役割を果たすものなどである．もう一つ，定形的ではない制御（C）としては，社会的なコントロールや業務がどのようになされるべきかという期待もある．社会的なコントロールとしては，他者（経営者，組織，同僚）からの期待のような外的なものがあげられる．社会的なコントロールには内的なものもあり，例としては，仕事において習慣的に立案される行為の計画であるとか，他者からそうすることが期待されていると思い込んでいるようなことがそうである．制御（C）の記述は，名詞または名詞句でなければならない．制御（C）の側面がある機

[*2] 訳注：実行条件（E）は，その状況で自明の場合にはいちいち記述されない．日常生活において，呼吸するための酸素の存在，人がものを見るための光の存在などがそれにあたる．

能において定められるとき，それも，別の機能からの出力（O）として定義されなければならない．
- 時間（T）は，ある機能のパフォーマンスに影響を及ぼしうる時間のさまざまなありようを表現する．ある機能は，たとえば別の機能の実行前，後，同時，並行して，あるいはある特定の期間において実行（あるいは完結）しなくてはならないかもしれない．時間（T）側面の記述は，それが一語であるならば名詞でなければならず，それが短文であるならば名詞から書き始めなければならない．時間（T）側面がある機能において定められるときは，別の機能からの出力（O）としても定義されていなければならない．

カップリング（coupling）

　カップリングは，機能がどのように連結するか，互いに依存するかについて説明する．形式的な言いかたをすると，一つの機能からの出力（O）が別の機能の入力（I），前提条件（P），リソース（R），制御（C）または時間（T）に相当するならば，それら2つの機能はカップリングすると言う．FRAMモデルは特定の状況に言及することなく，機能間の可能性のある関係性または依存性を記述するので，FRAMモデルにより記述されるカップリング，すなわちその一般的な側面による依存性は潜在的カップリング（potential coupling）と呼ばれる．FRAMモデルのインスタンス[*3]は，所与の状況下あるいは特定の時間枠内で，機能のサブセットが現実にどのように結合できたのかを表現している．ここでサブセットとは，実際に生じた，あるいは特定の状況または特定のシナリオで生じると期待されるカップリングまたは依存性を意味する．特定のインスタンスに対して記述されたカップリングは，その想定状況においては変化せず，「固定される」あるいは「凍結される」ものとなる．イベント分析においては，一般にインスタンスは，イベントの生じた全期間と，そこに存在したカップリングを網羅するものとなる．

[*3] 訳注：モデルのインスタンスとは，一般的に定義されたモデルによるデータ処理が，ある特定の状況で具体的に定義されたものを指す．オブジェクト指向プログラミングに由来する概念．

フォアグラウンド（foreground）機能とバックグラウンド（background）機能

　FRAM において機能は，フォアグラウンド機能あるいはバックグラウンド機能として記述される。フォアグラウンド（前景）またはバックグラウンド（背景）という言葉と，そこに含まれる機能のタイプとは何の関係もない。しかし，あるモデル，そしてもちろんモデルのインスタンスにおける機能の役割とは関係を有する。ある機能が検討の焦点になっている場合には，その機能はフォアグラウンド機能となる。とくに，その機能の変動が，調査されているアクティビティのアウトカムに影響をもたらすものであれば，フォアグラウンド機能として扱われる。バックグラウンド機能は，フォアグラウンド機能により用いられるが，そのフォアグラウンド機能の挙動中は状況が安定している何らかの事柄を説明するものとして用いられる。たとえば，配置される要員の適切なレベルであるとか，その要員の能力という特定のリソース（R），あるいは特定の指示すなわち制御（C）などを与える機能が該当する。一般に，業務遂行の間，人の能力は安定している（変動しない）ことが求められる。これは，ある指示事項がその期間に安定していなくてはならないのと同様である。これは能力が十分である，または指示が正しいことを意味するものではない。しかし，それがタスクを実行している時間中は，安定であるとみなされなくてはならないということである。フォアグラウンド機能とバックグラウンド機能は，このように特定のモデルにおける機能としての相対的な役割を示しているが，ある機能それ自体としてフォアグラウンドまたはバックグラウンド機能であることはない。検討の関心となる焦点が変われば，ある機能がフォアグラウンド機能ではなくバックグラウンド機能となるかもしれないし，逆も起こりうる。

　フォアグラウンド機能については，少なくとも入力（I）と出力（O）を記述することが必要である。何かの起源を表すバックグラウンド機能については，出力（O）を記述するだけで十分な場合もあるだろう。同様に，分析において評価には含まれない下流にある機能（すなわち，他の機能からの出力（O）を受けるだけの存在）である位置取り（placeholder）として用いられるバックグラウンド機能については，入力（I）を記述するだけで十分となる場合もある。その意味で，そうしたバックグラウンド機能に達したときには，FRAMモデルの拡大はそこで止まることになる。（たとえば，図 6.5 は 9 つのバックグラウ

ンド機能を含んでいるが,フォアグラウンド機能は2つだけである。)

上流 (upstream) と下流 (downstream) の機能

　あるモデルにおける機能の役割を表すフォアグラウンドとバックグラウンドという用語とは別に,焦点の当たっている機能と他の機能との,そのときの関係を記述するために,上流,下流という言葉が用いられる。FRAMモデルの分析は,複数機能の間で生じうるカップリングを,順を追ってたどることによってなされる。これは,1つ以上の機能につねに焦点が当たっていることを意味する。つまり,それらの変動が問題なのである。以前に焦点が当たっていた機能は,すでに実行された機能であることを意味し,上流の機能と呼ばれる。同様に,焦点が当たっている機能に後続する機能は,下流の機能と呼ばれる。分析を行っているときには,焦点の移動とともに,あらゆる機能はその地位を下流から上流へと変えることになる。

　FRAMモデルは特定の状況を記述するものではなく,典型的状況における機能とそれらの間で生じうるカップリングを記述するものである。したがって,ある機能が別の機能の前か後につねに実行されるものかどうかを,確定的に言うことはできない。モデルがインスタンスとして示されるときのみ,それは確定的なものになりうるのである。対照的に,フォアグラウンド機能・バックグラウンド機能というラベルは共に,インスタンスとしてのFRAMモデルにおいては妥当なものとなる。モデルのインスタンス化においては,インスタンスつまり特定のモデル例をつくるための特定の状況またはシナリオに関する詳細な情報が使用される。これは,機能のそのときの組織構造に対応する。つまり,それらの機能がそのときのシナリオにおいてどのような順序性を持つのか,操作環境や上流−下流の結合においてどの各機能がどのように変動するのかに依存するものとなる。

FRAMモデルの図的表現

前述したように，あるFRAMモデルはあるシステムの機能（フォアグラウンド機能とバックグラウンド機能の結合）を表すものである。またそのモデルは，それらの機能の各側面から導かれる機能間での潜在的カップリングも記述する。FRAMモデルの図的表現は，機能を意味する六角形を使って，機能の潜在的関係性を表現する（この本で示されるすべてのFRAMモデルを作成するために，FRAM Model Visualiser：FMVが使われた。FMVは本書では説明しないが，www.functionalresonance.comで見つけることができる。現在のバージョンは，簡潔な説明セットとともにダウンロード可能である）。図的表現では，六角形の並べかた（たとえば左から右へ，上から下へというような）についてのデフォルトは定めていない。

Ashby, W. R. (1956). *An introduction to cybernetics*. London: Chapman & Hall.

Australian Radiation Protection and Nuclear Safety Agency (ARPANSA) (2012). Holistic Safety Guidelines V1 (OS-LA-SUP-240U). Melbourne, Australia: ARPANSA.

Baumard, P. and Starbuck, W. J. (2005). Learning from failures: Why it may not happen. *Long Range Planning*, 38, 281–298.

Besnard, D. and Hollnagel, E. (2012). I want to believe: Some myths about the management of industrial safety. *Cognition, Technology & Work*, 16(1), 13–23.

Burke, W. W. and Litwin, G. H. (1992). A causal model of organizational performance and change. *Journal of Management*, 18(3), 523–545.

Carpenter, S. et al. (2001). From metaphor to measurement: Resilience of what to what? *Ecosystems*, 4, 765–781.

Chapman, D. W. and Volkman, J. (1939). A social determinant of the level of aspiration. *Journal of Abnormal and Social Psychology*, 34, 225–238.

Conant, R. C. and Ashby, W. R. (1970). Every good regulator of a system must be a model of that system. *International Journal of Systems Science*, 1(2), 89–97.

Dekker, S. W. A. and Hollnagel, E. (2004). Human factors and folk models. *Cognition, Technology & Work*, 6, 79–86.

Foster, P. and Hoult, S. (2013). The safety journey: Using a safety maturity model for safety planning and assurance in the UK Coal Mining Industry. *Minerals*, 3, 59–72.

Haavik, T. K. et al. (2016). HRO and RE: A pragmatic perspective. *Safety Science*, http://dx.doi.org/10.1016/j.ssci.2016.08.010.

Hale, A. R. and Hovden, J. (1998). Management and culture: The third age of safety. A review of approaches to organizational aspects of safety, health and environment. In A. M. Feyer and A. Williamson (Eds.), *Occupational injury. Risk prevention and intervention*. London: Taylor & Francis.

Hamel, G. and Välikangas, L. (2003). The quest for resilience. *Harvard Business Review*, 81(9), 52–65.

Heinrich, H. W. (1931). *Industrial accident prevention*. New York: McGraw-Hill.

Holling, C. S. (1973). Resilience and stability of ecological systems. *Annual Review of Ecology and Systematics*, 4, 1–23.

Hollnagel, E. (2001). "Managing the Risks of Organizational Accidents" from the cognitive systems engineering viewpoint. Presentation at panel discussion on the "Prevention and Risk-mitigation of System Accidents from the Human-Machine Systems (HMS) Viewpoint". 8th IFAC/IFIP/IFORS/IEA *Symposium on Analysis, Design, and Evaluation of Human–Machine Systems*, Kassel, Germany, 18–20 September.

Hollnagel, E. (2006). Resilience — the challenge of the unstable. In E. Hollnagel, D. D. Woods and N. C. Leveson (Eds.), *Resilience engineering: Concepts and Precepts*. Aldershot, UK: Ashgate.

Hollnagel, E. (2009a). *The ETTO principle: Efficiency-thoroughness trade-off. Why things that go right sometimes go wrong*. Farnham, UK: Ashgate.

Hollnagel, E. (2009b). The four cornerstones of resilience engineering. In C. P. Nemeth, E. Hollnagel and Dekker, S. (Eds.), *Preparation and restoration* (pp.117–134). Aldershot, UK: Ashgate.

Hollnagel, E. (2011). Prologue: The scope of resilience engineering. In E. Hollnagel et al. (Eds). *Resilience engineering in practice. A guidebook*. Farnham, UK: Ashgate.

Hollnagel, E. (2012). *FRAM — the functional resonance analysis method: Modelling complex socio-technical systems*. Farnham, UK: Ashgate.

Hollnagel, E. (2014a). *Safety-I and Safety-II: The past and future of safety management*. Farnham, UK: Ashgate.

Hollnagel, E. (2014b). Is safety a subject for science? *Safety Science*, *67*, 21–24.

Hunte, G. and Marsden, J. (2016). *Engineering resilience in an urban emergency department, Part 2*. Paper presented at the Fifth Resilient Health Care Meeting, August 15–17, Middelfart, Denmark. http://resilienthealthcare.net/meetings/denmark%202016.html.

ICAO (2006). *Safety Management Manual* (SMM) (DOC 9859 AN/460). Montreal, Canada: International Civil Aviation Organization.

International Atomic Energy Agency (IAEA). (2016). *Performing safety culture self-assessments*. Wien, Austria: International Atomic Energy Agency.

International Nuclear Safety Advisory Group (INSAG). (1991). *Safety culture*. Wien, Austria: International Atomic Energy Agency.

Kaplan, R. S. and Norton, D. P. (1992). The balanced scorecard — measures that drive performance. *Harvard Business Review, January–February*, 71–79.

Keesing, R. M. (1974). Theories of culture. *Annual Review of Anthropology*, *3*, 73–97.

Kletz, T. (1994). *Learning from accidents*. London: Butterworth-Heinemann.

Ljungberg, D. and Lundh, V. (2013). *Resilience Engineering within ATM — development, adaption, and application of the Resilience Analysis Grid (RAG)* (LiU-ITN-TEK-G—

013/080—SE). Linköping, Sweden: University of Linköping.

March, J. G. (1991). Exploration and exploitation in organizational learning. *Organization Science*, *2*(1), 71–87.

Maslow, A. H. (1943). A theory of human motivation. *Psychological Review*, *50*, 370–396.

Maslow, A. H. (1965). *Eupsychian management*. Homewood, IL: Richard D. Irwin/The Dorsey Press.

McGregor, D. (1960). *The human side of enterprise*. New York: McGraw-Hill.

Miller, J. G. (1960). Information input overload and psychopathology. *American Journal of Psychiatry*, *116*, 695–704.

Miller, G. A., Galanter, E. and Pribram, K. H. (1960). *Plans and the structure of behavior*. New York: Holt, Rinehart & Winston.

Moon, S. et al. (2015). Will Ebola change the game? Ten essential reforms before the next pandemic. The report of the Harvard-LSHTM Independent Panel on the Global Response to Ebola. *The Lancet*, *386*(10009), 2204–2221.

Parker, D., Lawrie, M. and Hudson, P. (2006). A framework for understanding the development of organisational safety culture. *Safety Science*, *44*, 551–562.

Perrow, C. (1984). *Normal accidents*. New York: Basic Books.

Pringle, J. W. S. (1951). On the parallel between learning and evolution. *Behaviour*, *3*, 175–215.

Prochaska, J. O. and DiClemente, C. C. (1983). Stages and processes of self-change of smoking: Toward an integrative model of change. *Journal of Consulting and Clinical Psychology*, *51*(3), 390–395.

Rasmussen, J. and Svedung, I. (2000). *Proactive risk management in a dynamic society*. Karlstad, Sweden: Swedish Rescue Services Agency.

Reason, J. T. (1990). The contribution of latent human failures to the breakdown of complex systems. *Philosophical Transactions of the Royal Society (London), Series B. 327*, 475–484.

Reason, J. T. (1998). Achieving a safe culture: theory and practice. *Work & Stress*, *12*(3), 293–306.

Reason, J. T. (2000). Safety paradoxes and safety culture. *Injury Control & Safety Promotion*, *7*(1), 3–14.

Rigaud, E. et al. (2013). Proposition of an organisational resilience assessment framework dedicated to railway traffic management. In N. Dadashi et al. (Eds.), *Rail human factors: Supporting reliability, safety and cost reduction*. London: Taylor & Francis.

Schein, E. H. (1990). Organisational culture. *American Psychologist*, *45*(2), 109–119.

Shewhart, W. A. (1931). *Economic control of quality on manufactured product*. New York:

D. Van Nostrand Company.

Taylor, F. W. (1911). *The principles of scientific management.* New York: Harper.

Tredgold, T. (1818). On the transverse strength of timber. *Philosophical Magazine: A Journal of Theoretical, Experimental and Applied Science*, Chapter XXXXVII. London: Taylor and Francis.

Tuchman, B. W. (1985). *The march of folly: From Troy to Vietnam.* New York: Ballantine Books.

VMIA (2010). *Reducing harm in blood transfusion. Investigating the Human Factors behind 'Wrong Blood in Tube'* (WBIT). Melbourne, Australia: Victoria Managed Insurance Authority.

Weick, K. E. (1987). Organizational culture as a source of high reliability. *California Management Review*, *29*(2), 112–128.

Weinberg, G. M. and Weinberg, D. (1979). *On the design of stable systems.* New York: Wiley.

Westrum, R. (1993). Cultures with requisite imagination. In J. A. Wise, V. D. Hopkin and P. Stager (Eds.), *Verification ad validation of complex systems: Human factors issues* (pp.401–416). Berlin: Springer Verlag.

Westrum, R. (2006). A typology of resilience situations. In E. Hollnagel, D. D. Woods and N. Leveson (Eds.) *Resilience engineering. Concepts and precepts.* Ashgate: Aldershot, UK.

Wiener, N. (1954). *The human use of human beings.* Boston, MA: Houghton Mifflin Co.

Woods, D. D. (2000). *Designing for resilience in the face of change and surprise: Creating safety under pressure.* Plenary Talk, Design for Safety Workshop, NASA Ames Research Center, October 10.

用語解説

因果律についての信条（causality credo）　Safety-Iの伝統的考えかたにおいては，事故の起きかたに関する説明として，「アウトカム（事故）は先行する原因により起こる結果である」という暗黙の仮定が存在する。この考えかたは因果の法則に対する確信，またはいわば一種の信仰に対応しているので，「因果律についての信条」と呼ばれる。この「信条」に従った推論は，次のような段階を踏んで進む。①望ましくないアウトカムは，何かがうまくいかなくなったから生じる。②もし十分なエビデンスを得ることができれば，その原因を発見して，除去する，閉じ込める，または無力化するなどの措置をとることができる。③あらゆる望ましくないアウトカムは原因を有し，その原因はすべて発見して処理することができるのだから，結果としてすべての事故は防ぐことができる。このような事故ゼロの考え（Zero Accident Vision）は，因果律についての信条から論理的に導かれる結論である。

複雑さ（complexity）　「複雑さ」という用語は，単独で用いられる場合のみならず，「複雑適応系」のように形容詞として用いられる場合においても，いずれもモノリシックな説明（別項参照）の例といえる。マネジメントすべき対象システムや人間たちが機能している組織について，完全な知識を持つことは多くの場合不可能である。このことを説明する際に，システムや組織が複雑であるからだ，という指摘がなされる。しかし，複雑さは，人間が何か（ある現象や対象とするシステム）を理解できないことを指す場合も，システムの性質や特性それ自体を指す場合もある。以上のことから，複雑さが認識論的ではなく存在論的な概念であると主張することは正しくない。

文化（culture）　文化は，時には少数，通常は非常に多くの人間集団内で，一

般的にまたはある特定の条件下において，どのように振る舞い，何をすべきかについての共有された合意を表している．その合意は明示的なものもあるが，多くは暗黙的なものである．文化は，個人的，集団的な行動を決定する重要な要因の一つである．文化はしばしば，明確には言い表せられない様相の接頭語としても使われている．安全文化（safety culture），公正な文化（just culture），報告する文化（reporting culture）などがその例である．

異種原因仮説（hypothesis of different causes） この異種原因仮説によれば，うまくいかないこと（事故，インシデント）の原因は，うまくいくこと（受け入れられるアウトカム）の原因とは異なっている．そうでないとするならば，うまくいかないことの原因を見いだしてそれらを除去する「見つけて直す（find-and-fix）」型の解決法は，うまくいくことの原因にも影響することになってしまうからである．この仮説は，明確に述べられることはほとんどないが，Safety-I の本質的な部分になっている．

扱えない（intractable） あるシステムの作動原理が部分的にしか知られていない（または極端な場合にはまったく知られていない），システムの記述が多くの詳細な事項を伴っている，システムが不安定であるとか拡大が急速なため記述できる限度を超えて速く変化してしまうなどの場合，そのシステムは「扱えない」と言われる．

必要な変動量の法則（Law of Requisite Variety） 「動物や機械の制御と通信」に関する科学すなわちサイバネティクスに含まれるこの法則では，あるシステムのアウトカムの変動量を十分に小さなものとするためには，そのシステムの制御機構はそれと同程度の変動量を有していなければならないとされている．簡単に言えば，ある組織において，組織リーダーまたはマネジメント担当者が想像し備えることができる以上のことが起きれば，その組織は効果的にマネジメントされないことになる．

モノリシックな説明（monolithic explanation） いきさつが自明でない（non-trivial）ダイナミックな事象についての説明や記述において，一群の問題

を「解決する」ために単純な概念または因子が利用されることがある[*1]。そのような多対1型の解決法は，物事を説明するときや，他人に教えるときには容易なので，当然ながら魅力的なものである。そのような説明は，単一の概念に基づいているため，「モノリシックな説明」と呼ばれる。モノリシックな説明は気持ちの上では満足を与えるが，実用的価値は限定的である。モノリシックな説明は一つの社会的慣習を表しており，本質的に社会的な構成をなすものである。

自明でない（nontrivial） 自明でないシステムは，その一部についても，また要素還元できない部分においても，どう挙動するのか予測不能である。これは，システムが，そのままに置かれている場合さえ，どのように展開するのか不確かであり，また変化や干渉に対してどのように反応するかももちろんよくわからないということを意味する。予測できないということは，システムそのものやその動作機序についての知識が不完全または不十分なことに起因している。

レジリエンス（resilience） あるシステムが，想定内および想定外いずれの条件（変化，外乱，好機など）の下でも要求どおりの働きができる場合，そのシステムのパフォーマンスはレジリエントである。レジリエントなパフォーマンスがなされるためには，その組織がレジリエンスポテンシャルを有していて，かつそのポテンシャルがつねに形成，維持，改善されていることが必要である。レジリエンスはレジリエンスポテンシャルの具現化であるから，ある組織がなすこと（something that an organization does）を指すのであって，組織が有しているもの（something that it has）を指すのではない。

安全（safety） 安全は通常，受け入れられないまたは望ましくないアウトカムがないという意味で，何かの不存在またはそれからの解放として定義される。この考えかたは，安全はその存在ではなく不存在を通じて定義されるという逆説的な状況をもたらす。

[*1] 訳注：ある事故について「原因がヒューマンエラーである」と断言してしまうような，物事を極端に一面化したような説明を指す。

Safety-I　受け入れられないアウトカムの数ができる限り少ない状況を意味する。それゆえ Safety-I は，安全の逆の状態，つまり安全の欠如（事故，インシデント，リスクなど）を通じて定義される。

Safety-II　受け入れられるアウトカム（日々の業務の成果）の数ができるだけ多くなる状況を意味する。それゆえ Safety-II は，安全の存在によって，機能統合（synesis，別項参照）として定義される。

安全文化（safety culture）　モノリシックな説明（別項参照）の一例であり，文化（culture）という単語が明確には定義されていないのに接尾語のように使われている。安全文化の標準的な定義は「原子力発電所の安全の問題には，その重要性にふさわしい注意が最優先で払われなければならない。安全文化とは，そうした組織や個人の特性と姿勢の総体である」とされている。この定義は相互参照的[*2]であり，「安全」が何を意味するかが相互に合意されていなければ使えない内容となっている。

機能統合（synesis）　複数の活動が目的とするアウトカムを効果的にもたらすために統合して作動している状況を意味する。ある作業現場において満たすべき基準（安全，品質，生産性など）をともに満たすために，そこでの活動がなされるときの，相互に依存した機能の集合のことである。

システム（system）　システムは通常，その構造に関して「対象物間の関係性と対象物の属性の関係性を通じて定義される対象物（object）の集合」と定義される。しかし，システムはまた，あるパフォーマンスを提供するために必要とされる相互に結合した機能の集合としても定義される。ある組織は，上記の両方の意味でシステムである。しかし機能に基づいた定義のほうが，構造的な定義よりも興味深くかつ有用である。

扱える（tractable）　あるシステムは，それが機能する原則が既知で，その記述が単純で，込み入ったことはほとんどなく，さらに重要な要件として，システムを記述している最中には状態が変化しない場合，「扱える」と呼ばれる。

自明な（trivial）　あるシステムあるいはそのシステムの将来展開は，何が起こ

[*2] 訳注：安全文化を安全の問題を通じて定義している。

るのか明らかである場合に，自明であると呼ばれる。自明なシステムは，最初から最後まで予測可能である。予測可能性とは，システムが自発挙動（eigenleben）をしている場合に，その展開や変化が予見できることを意味する。予測可能性はまた，変化や介入（管理された入力）に対するシステムの応答が予測できることを意味する。いずれの場合においても，予測は短期的には高い確実さで，長期的にはそれよりは低いが受容できる確実さで行うことができる。後者の意味での予測可能性は，システムが制御可能であるための必要条件である（「必要な変動量の法則」を参照のこと）。

索引

[A]
AcciMap *167*
active *20*
adversity *21*
aetiology *63*
adjustment *165*
ALARP *4*
anspruchsniveau *33*
antidote *11*
approximate adjustment *169*
artefacts *34*
articulated scientific concept *40*
As Low As Reasonably Practicable *4*
aspect *120, 171*
asynchronous *67*
attitude *34, 147*

[B]
background function *124, 175*
Baker Panel Report *80*
balanced scorecard *161*
Bow-Tie *168*
British Petroleum *80*

[C]
CAS *18*
causality credo *93, 183*
cause-effect chain *167*
codex *10*

collective experience of the industry *84*
common sense *131*
complex *15*
Complex Adaptive Systems *18*
complexity *13, 183*
complicated *15*
Control *120*
coupling *174*
CPI *50*
culture *183*
culture of safety *164*
current indicator *55*

[D]
Deepwater Horizon 掘削装置 *80*
defence-in-depth *12, 154*
detailed model *127*
deus ex machine *10*
devotion to a cause *33*
diagnostic *81*
downstream *176*
dynamic nonevent *159*

[E]
efficiency and thoroughness *89*
Efficiency-Thoroughness Trade-Off *39*
eigenleben *187*
emerging *169*
espoused value *35, 135*

Esprit de Corps   *33*
ETTO   *39*
eupsychian management   *31*

[F]
Failure Mode and Effects Analysis   *11*
false negative   *143*
false positive   *142*
FDA   *70*
find-and-fix   *5, 168*
fix-and-forget   *62*
FMEA   *11*
FMV   *177*
folk model   *40*
foreground   *175*
formative   *81*
FRAM   *120, 163, 167, 168, 170*
FRAM Model Visualiser   *177*
functional resonance   *169*
Functional Resonance Analysis Method   *167*

[G]
generic   *83*
GM   *59*
goal   *27*

[H]
H1N1 ウイルス   *44*
Hazard and Operability Study   *11*
HAZOP   *11*
heterogeneous   *27*
High Reliability Organization   *34*
Holistic Safety Guideline   *100*
homogeneous   *27*

homograph   *157*
homonym   *157*
homophone   *157*
hospital standardized mortality ratio   *91, 162*
HRO   *34*
HSMR   *91, 162*
Human Reliability Assessment   *11*
humanistic   *31*
hypothesis of different causes   *184*

[I]
ICAO   *2*
Input   *120*
INSAG   *163*
International Nuclear Safety Advisory Group   *163*
intractable   *15, 68, 184*
irregular   *153*
iteration   *122*

[J]
just culture   *36, 164*

[K]
key performance indicator   *53*

[L]
lagging indicator   *55*
Law of Requisite Variety   *159, 184*
leading indicator   *55*
learning culture   *36*

[M]
measure and correct   *173*

measurement *122*
method-sine-model *168*
model-cum-method *168*
monolithic explanation *184*

[N]
naturalistic decision making *136*
NHTSA *60*
nonsafety *5*
nontrivial *3, 43, 185*
normalisation of deviance *12*

[O]
objective *27*
opportunistic *62*
Output *120*

[P]
passive *20*
placeholder *175*
potential coupling *174*
potential to anticipate *19, 42*
potential to learn *42*
potential to monitor *42*
potential to respond *42*
Precondition *120*
privative *155*
proactive *20*
proxy measure *102, 103*

[R]
RAG *81, 112, 113, 115, 147, 163, 165*
reactive *20*
recognition-primed decision making *136*

regular *151*
relevant indicator *122*
reporting culture *36, 164*
requisite imagination *72*
resilience *185*
Resilience Assessment Grid *115, 147, 163*
Resource *120*
Root Cause Analysis *167*

[S]
safety *185*
safety culture *25, 164, 186*
safety management systems *2*
Safety-I *9, 21, 37, 57, 94, 186*
Safety-II *10, 57, 94, 158, 164, 165, 186*
SARS *44*
Scientific Management *30*
security culture *36*
self-esteem *31*
shared basic assumptions *35*
SMS *2*
SNCF *69, 92*
social construct *39*
SPAD *160*
SPC *162*
stability *18*
STAMP *168*
statistical process control *163*
summative *81*
synchronous *67*
synesis *157, 158, 186*
system *186*

【T】
tactical   62
Time   120
time-and-movement study   37
TQM   4
tractable   186
TRIPOD   167
trivial   15, 162, 186

【U】
unexampled events   153
upstream   176

【W】
WAD   28, 162, 165
WAI   28
WHOの健康の定義   156
Work-as-Done   28, 162, 165
Work-as-Imagined   28

【X】
X理論   32

【Y】
Y理論   32

【あ】
愛と帰属の欲求   31
アウトカム測定指標   163
扱えない   68, 184
扱える   186
アポロ13号   79
アラン・グリーンスパン   96
安全   185
安全神話   40
安全の文化   164
安全の欲求   31
安全パフォーマンスの制限条件   6
安全文化   25, 35, 37, 163, 164, 186
安全文化のレベル   25, 36, 37, 113
安全マネジメント   37, 57
安全マネジメントシステム   1
安定性   18

【い】
異種原因仮説   10, 184
位置取り   175
逸脱の常態化   12
因果律についての信条   9, 93, 148, 183
インスタンス   174, 175, 176

【え】
英国石油   80
エボラ出血熱   44, 45

【お】
おおよその調整   169, 170
オーストラリアの放射線防護・原子力安全庁   100, 101

【か】
科学的管理法   30
学習する文化   36
学習するポテンシャル   42, 56, 57, 93, 96, 97
価値の対称性   9, 10
カップリング   170, 174
カナダ都市部の救急部門   86
神の御意思   10
下流の機能   176

索引　193

監視するポテンシャル　42, 48, 49, 57, 88, 92, 93, 98
間接的な評価尺度　102, 103
完全性　89
関連指標　122

[き]
機会主義的　62
規則的な学習　94
キーとなる性能指標　53
機能共鳴　169, 170
機能共鳴解析手法　120
機能統合　157, 158, 160, 164, 165, 186
機能統合のマネジメント　165
基本モデル　126, 127
逆境　21
業界の集合的経験　84
共有された基本的仮定　35
均質的　27

[く]
クローン肉　70

[け]
形成的質問　81, 113
形成的評価　81
欠性語　155, 157
解毒剤　11, 12, 13
原因-結果の連鎖　167, 169
原因論　63
言語的に表現された科学的概念　40
現状指標　55
献身の心　33

[こ]
航空管制　97, 98
航空管制官の能力評価　86
高信頼性組織　34, 37
公正な文化　36, 164
効率　89
効率と完全性のトレードオフ　39, 89
国際民間航空機関　2
故障モードと影響評価　11
根本原因分析　4, 167

[さ]
サイン　52
サドルバック死亡事故　58
サプライズ　4, 7

[し]
時間　120, 124, 171, 174
シグナル　52
自己実現の経営　31
自己実現の欲求　31
事象の地平線　66
事象のリスト　84
システム　186
自然主義的意思決定　136
6シグマ　163
実際の仕事　28
実用的複雑さ　14
自発挙動　187
自明でない　9, 185
自明でない社会技術システム　3, 43
自明な　162, 186
自明なシステム　15
社会技術システム　13, 19, 43
社会的な構築概念　39

出力　*120, 171, 172*
受動的　*20*
受容できないアウトカム　*8, 10*
受容できない災厄からの解放　*9*
受容できるアウトカム　*8, 10*
詳細モデル　*127*
常識的依存関係　*131*
承認の欲求　*31*
消費者信頼感指数　*90*
消費者物価指数　*50, 90*
上流の機能　*176*
人工物　*34*
信号冒進　*160*
深層防護　*12, 154*
診断的質問　*81, 83, 89, 95, 98, 99, 112, 113, 115*
診断的評価　*81*
人的信頼性評価　*11*
信奉される価値　*35, 135, 138*
シンボル　*52*

[す]
スイスチーズモデル　*12, 154, 167*
数学的な複雑さ　*14*
スタープロット　*104*
スナップショット　*5, 7, 8*

[せ]
制御　*120, 124, 171, 173*
制御器のパラドックス　*3*
成功と失敗の同等性　*168*
生理学的な欲求　*31*
セキュリティ文化　*36*
ゼネラルモーターズ　*59*
先行指標　*49, 55, 56*

潜在的カップリング　*170, 174*
戦術的　*62*
前提条件　*120, 124, 171, 172*

[そ]
総括的評価　*81*
操作的な形式　*116*
想定外の事象　*4*
想定される仕事　*28*
測定　*122*
側面　*120, 171*
組織のパフォーマンス　*37*
組織文化　*34, 37*
存在論的複雑さ　*14*

[た]
対処が必要な状況であるのに対処を始めないというミス　*142*
対処が必要のない状況において対処し始めてしまうようなミス　*142*
対処するポテンシャル　*42, 44, 45, 49, 57, 83, 86, 87, 88, 93, 98, 120*
対処のタイミング　*85*
対処方策の持続時間　*85*
態度　*34, 35, 147*
ダイナミックな事象　*160*
ダイナミックな複雑さ　*14*
ダイナミックな無事象　*159, 160*
「ターゲット」ショッピングセンター　*45*
団結心　*33*
探索–活用の次元　*73*
短中期的な目標　*27*

[ち]
遅行指標　*55*
長期的な傾向　*95*
長期的な目標　*27*
調整　*165*

[て]
停止規則　*127*

[と]
同期的　*67*
統計的プロセス制御　*4, 162*
動作時間研究　*37*
統制された想像　*146*
道徳的基準　*10*
ドミノモデル　*11, 167*
取り扱えない　*15*

[な]
直して忘れる　*62*
生データ　*95*

[に]
日常的ではない事象　*153*
日常的に生じる事象　*151*
入力　*120, 124, 171, 172*
人間中心主義的アプローチ　*31*
認識主導型意思決定　*136*
認識論的複雑さ　*14*

[の]
能動的　*20*
ノーマルアクシデント　*13*

[は]
背景機能　*124*
パイパーアルファ事故　*47*
パイプラインの腐食　*49*
測って修正する　*173*
バックグラウンド機能　*175, 177*
発現するアウトカム　*169*
パフォーマンス指標　*95*
バランススコアカード法　*161, 163*
反応的　*20, 143*
反応的な調整　*143*
反復構成　*122, 123, 124, 127*
汎用的な質問群　*83*

[ひ]
非均質的　*27*
必要な想像力　*72*
必要な変動量の法則　*159, 184*
非同期的　*67*
病院の標準化死亡比　*91, 162*
広さ優先　*28*

[ふ]
不安全のマネジメント　*5*
フィードバックで対処　*143*
フィードフォワードで制御　*143*
フォアグラウンド機能　*171, 175, 176, 177*
フォールトツリー分析　*5*
深さ優先　*58*
不規則的な学習　*94*
複合型線形思考　*12*
複雑化した　*15*
複雑化したシステム　*15*
複雑さ　*13, 183*

複雑適応システム　18
複雑な　15
複雑なシステム　15
フランス国鉄　69, 92, 93
プルドー湾原油流出　49
プロアクティブ　20, 143
プロアクティブな調整　143
文化　183
分析・統合データ　95

[へ]
ベイカーパネル報告書　80
米国運輸省道路交通安全局　60
米国食品医薬品局　70

[ほ]
包括的安全ガイドライン　100
報告する文化　36, 164

[み]
見つけて直すアプローチ　5, 168
民俗的モデル　40

[も]
モノリシック　4
モノリシックな概念　25, 113
モノリシックな説明　33, 38, 39, 40, 184

[や]
災厄からの解放　3

[よ]
要求水準　33
予見するポテンシャル　19, 42, 66, 67, 71, 73, 98, 99, 100, 101

予見的　143

[り]
リコール　59, 60
リスクアセスメント　67
リスク評価　67
リソース　47, 120, 124, 169, 171, 173
リッカート尺度　92, 103, 104, 105
リーン生産方式　4

[る]
類例がない事象　153

[れ]
レジリエンス　185
レジリエンスエンジニアリング　3, 9
レジリエンスのレベル　25, 113
レジリエンス評価グリッド　81
レジリエンスポテンシャル　25, 131, 163
レジリエントなパフォーマンス　37, 98, 102, 112, 115, 120
レーダーチャート　104

[ろ]
6人の誠実な召使い　82

【監訳者】

北村正晴
1942年生まれ。東北大学大学院工学研究科原子核工学専攻博士後期課程修了。工学博士。同大学助手，助教授を経て1992年東北大学工学部原子核工学科教授，2000年同研究科技術社会システム専攻リスク評価・管理学分野を担当。2005年定年退職，東北大学名誉教授。現在(株)テムス研究所代表取締役所長。専門は，技術システムの安全性向上，大規模システムにおける人間・機械の協調，原子力技術に対する社会の受容性等。

小松原明哲
1957年生まれ。早稲田大学理工学部工業経営学科，同大学院博士後期課程修了。博士（工学）。金沢工業大学講師，助教授，教授を経て，2004年4月から早稲田大学理工学術院創造理工学部経営システム工学科教授。専門は人間生活工学。

【訳者】

狩川大輔（東北大学大学院工学研究科）
菅野太郎（東京大学大学院工学系研究科）
高橋　信（東北大学大学院工学研究科）
中西美和（慶應義塾大学理工学部）
松井裕子（(株)原子力安全システム研究所社会システム研究所）

ISBN978-4-303-72986-8

Safety-Ⅱの実践

2019年3月 5日　初版発行　　　Ⓒ M. KITAMURA / A. KOMATSUBARA 2019
2025年2月15日　2刷発行

監訳者　北村正晴・小松原明哲　　　　　　　　　　　　　　　検印省略
発行者　岡田雄希
発行所　海文堂出版株式会社

　　　　本　社　東京都文京区水道2-5-4（〒112-0005）
　　　　　　　　電話 03(3815)3291(代)　FAX 03(3815)3953
　　　　　　　　https://www.kaibundo.jp/
　　　　支　社　神戸市中央区元町通3-5-10（〒650-0022）
日本書籍出版協会会員・工学書協会会員・自然科学書協会会員

PRINTED IN JAPAN　　　　　印刷　東光整版印刷／製本　ブロケード

JCOPY ＜出版者著作権管理機構 委託出版物＞
本書の無断複製は著作権法上での例外を除き禁じられています。複製される場合は，そのつど事前に，出版者著作権管理機構（電話03-5244-5088, FAX 03-5244-5089, e-mail: info@jcopy.or.jp）の許諾を得てください。

図書案内

Safety-Ⅰ & Safety-Ⅱ

エリック・ホルナゲル 著
北村正晴／小松原明哲 監訳
A5・216頁・定価2,970円（税込）

社会技術システムで生じるトラブルは、従来の方策（Safety-I）だけでは避けきれない。「うまくいかなくなる可能性を持つこと」を取り除くのではなく、「うまくいくこと」の理由を調べ、それが起こる可能性を増大させるSafety-IIの必要性を解説。

シネシス

エリック・ホルナゲル 著
北村正晴／狩川大輔／高橋信 訳
A5・224頁・定価2,970円（税込）

シネシス（synesis、対象を統合する）という新しい概念を導入し、社会技術システムを基盤とする組織を対象として、断片化された視点を超え、不透明さに満ちた現実に対応するための、変化マネジメントの方策について考察する。

セーフティ・アナーキスト

シドニー・デッカー 著
清川和宏／作田博／古濱寛 訳
A5・328頁・定価3,960円（税込）

現場の実務者は規則を守ることだけに注力し、安全について自ら考えることをやめてしまう傾向があると警告。本来の安全管理は、実務者の知識・能力とイノベーションに頼らなければ確立できないと主張し、明日にもできることを提案。

現場安全の技術

R. フィリン／P. オコンナー／M. クリチトゥン 著
小松原明哲／十亀洋／中西美和 訳
A5・432頁・定価4,290円（税込）

運輸、建設、医療、サービス、プラント制御などの現場スタッフが、ヒューマンエラーを避け、安全を確保していくために持つべき状況認識、コミュニケーション、リーダーシップ、疲労管理などからなる「ノンテクニカルスキル」について詳述。

ノンテクニカルスキルの訓練と評価

マシュー・トーマス 著
北村正晴／小松原明哲 監訳
A5・304頁・定価3,960円（税込）

安全の実現に大きな役割を果たすノンテクニカルスキルを獲得するための訓練プログラムを開発・運用する際の指針を、学術的根拠とともに示す。それぞれの産業現場で訓練に試行錯誤を重ねている実務家は、多くの参考となる知見を得られるだろう。

ヒューマンエラー［完訳版］

ジェームズ・リーズン 著
十亀洋 訳
A5・384頁・定価3,960円（税込）

ヒューマンエラーを分類し、その発生メカニズムを理論付け、検出と予防を論じる。そしてケーススタディを通じて「潜在性のエラー」こそ、最優先で取り組むべき課題であることを明らかにする。スイスチーズ・モデルの原点がここにある。

ストーリーで学ぶ安全マネジメント

榎本敬二 著
四六・208頁・定価1,650円（税込）

専門家と現場をつなぐ活動をしてきた著者が、「安全マネジメントを身近に感じてもらえたら」という思いで、各産業における実例や、自らの経験などを、ある安全担当者の成長ストーリーとしてまとめた。基礎が分かり、実践につながる本。

表示価格は2025年1月現在のものです。
目次などの詳しい内容は https://www.kaibundo.jp/ でご覧いただけます。